幸福
为谁绽放

邱慧如
编著

中国商业出版社

图书在版编目（CIP）数据

幸福为谁绽放 / 邱慧如编著. -- 北京 ：中国商业出版社，2023. 5
ISBN 978-7-5208-1095-1

Ⅰ. ①幸… Ⅱ. ①邱… Ⅲ. ①幸福—通俗读物 Ⅳ. ①B82-49

中国版本图书馆CIP数据核字(2021)第248323号

责任编辑：杜 辉 侯 静

中国商业出版社出版发行
（www.zgsycb.com 100053 北京广安门内报国寺 1 号）
总编室：010-63180647 编辑室：010-83118925
发行部：010-83120835/8286
新华书店经销
香河县宏润印刷有限公司印刷
*
710 毫米 ×1000 毫米 16 开 13 印张 120 千字
2023 年 5 月第 1 版 2023 年 5 月第 1 次印刷
定价：58.00 元
* * * *
（如有印装质量问题可更换）

推荐序

幸福就是爱

幸福是什么？幸福就是爸妈。我们刚出生，怎么才会觉得幸福？是不是在爸妈的怀抱里就觉得最幸福？这一点对任何一个人、任何一个动物和生命都是如此。而爸妈是谁？爸妈是最爱我们的人。

幸福是什么？幸福就是一种爱的感受。幸福源自哪里？幸福源自爱。而爱怎么才能感受？需要用心感受，所以心是幸福的根源。有人会质疑我，说你有爱，不吃饭行吗？那我问你，每个人都有饭吃，每个人就都觉得幸福吗？但如果这饭是你最爱的人做给你的，你不觉得幸福吗？肯定会觉得幸福。相反，如果这饭是你最厌恶的人做给你的，你会觉得幸福吗？肯定不会觉得幸福。可见，爱是其中的关键因素，有了爱，乞丐、草民也感觉幸福；没有爱，富翁、名流也不会幸福。一个人能否幸福，取决于这个人是否真的想要幸福。只要这个人真的想要幸福，而且把幸福放到第一位，一切都会为幸福让步，那么这个人就一定能够时时幸福。这世界上最容易做到的事情就是爱，其完全由你自己掌控，是每个人与生俱来的能力。这世界上最难做到的事情也是爱，因为如果你将爱让步于世俗，让步于名利，那么一粒灰尘、一件琐事，都能让爱荡然无存，甚至变成仇恨，从而使得幸福荡然无存，而堕向痛苦烦恼的深渊。

你爱世界，世界也就爱你，你的世界就四季如春。你不爱世界，世界也就不会爱你，你的世界就四季如冬。你恨世界，世界也就恨你，你的世界就是四季如冬。有时，有人会无缘无故伤害你，但你也不要去伤害他，因为他伤害你是他的不幸福，如果你报复他，就会使得你也不幸福。伤害你的人，你只要远离他，你的幸福就会与他无关。而爱你的人，你要加倍地爱他，你们的幸福之酒就会越来越香。

有人可能会质疑，如果世界上只有你自己，那幸福从何而来？这个质疑有些不现实，但即便如此，幸福也是照样来自内心的。每个人都是爱自己的，如果连自己都不爱，又怎么会爱别人？只要每个人真正地爱自己，就一定会幸福。真正地爱自己的人，必然会选择给自己幸福，而那些为了表面光鲜的名利而放弃幸福的人，都是不够爱自己的人。

朱定局

于华南师大

2021-07-24

序 言

终极的幸福：找到真心，让心灵自由自在

幸福，是千百年来人类不断探索的问题。时下，随着社会高速发展，大多数人被健康、工作、家庭、子女教育、金钱等众多问题困扰着。喧嚣浮躁的社会，欲望横流的现实，让很多人都变成了不断扇动翅膀的鸟儿，总想着如何飞得更高，而忘记了关心自己是否飞得疲累，从而渐渐失去了原始的快乐，也看不到真正的幸福。

那么，是谁影响了我们的幸福生活？幸福到底是什么呢？

我希望通过本书幸福心之力系列论述，激活沉睡已久的你，接通你心里的那个“道”，就像电源能量一直都在，但是需要有人将正电极和负电极接通，心力才能对你的身心产生作用。当你明白了“心”在哪里，你想要幸福的那个“念”才会在“道”上真正起作用。就像飞机要循照航线飞行，高铁要有固定的铁轨。幸福自然也有那个道，

首先让你明心见性地看见了你要的幸福之道，你在生活和工作中不断实践观照修炼你的一言一行是否离开了幸福之道，幸福“吸引力法则”才会真正眷顾你。所以，终极的幸福来自先觉悟本心，从你找到“心是什么”的那一刻起，就是幸福的起点。如果没有找到自己这颗心的定心丸，就无法解脱苦恼，仅凭一时心动，不能获得心定；没有打开“心”，相当于没打开智慧，没有智慧，遇到问题只会苦恼，仅仅依靠情绪是无法摆脱心中的无名烦恼的。“相由心生，境由心转”，有智慧的人能一念化解一切烦恼和痛苦，当你种下一颗可以真正幸福的种子，就能结出幸福快乐的果子。

我国的哲学大家老子曾说过，“知人者智，自知者明”，是指能了解他人的人聪明，能了解自己的人是智慧的。在这里也可以理解为要拥有智慧，前提是要“见自己，关注本心”。

当一个人从小我的境界上升到大我的境界中，就符合了现在流行的思维方式：渺小化。如果每个人都能把自己渺小化，内心就会产生钝感力，凡事不再斤斤计较，不再过分敏感，也就拥有了为人处世的态度及人生智慧，相比激进、张扬、刚硬而言，更易在目前竞争激烈、节奏飞快、错综复杂的现代社会中生存，也更易取得成功，并求得身心的平衡及与他人和社会的和谐相处。推而广之，就能解决家庭、事业、财富等一系列问题，最终达到人生的和谐圆满。

在各行各业中取得成功的人们，当然拥有才能或机遇，但在他们这些才能和机遇的背后，一定还有某种成功的特质，这种特质在笔者看来就是“心力”。当人们能够通过找到自己的“心”，全力锻炼、强化“心之力”，最终就可以助力每个人开花结果，让他们的实力背景继续发扬光大。我们从小被灌输不要输在起跑线上的思想，我们拼命努力，为了得到一份好工作、拥有一份高收入、可以住大一点的房子等证明自己不想输给别人，却没有人教会我们要融合身边的一切来培养一种幸福的能力。待到我们长大了，就难免在恋爱、工作、生活、婚姻关系中频频受挫，伤痕累累。我们在恋爱的时候没人教我们怎么恋爱，我们恋爱了；没人教我们怎么生孩子，我们生了；没人教我们如何在家庭中更好地相夫教子，我们稀里糊涂地过来了。我们没有学会与各种关系相处，我们到处碰壁，不知道幸福是什么？人生何其意？

三毛说：“我来不及认真地年轻，待明白过来时，只能选择认真地老去。”时光匆匆岁月无声，只有经历过世事才会明白，过去的每一天都不能再重来，不管你怎样不舍，我们都只能向前走。当我们学会了运用“心力”，就能明白，所有幸福快乐的根源在哪里。身处物欲纵横的年代，物质给予的快感瞬间即逝，只有从提升自我认知开始，提升生命的品质，让智慧赋予生命真正的财富，终有一天我们方能淡定坦然面对生活中的云卷云舒、庭前的花开花落。唯有找到了真心，让心灵自由自在，才能收获真正的幸福，你的那种淡定坦然和喜悦，才是终极的幸福与快乐！

本书希望每个人都能找到真心，获得幸福人生的能力，绽放属于自己的生命光彩，收获和谐幸福家庭。这是笔者的初心。阅读本书，希望无论你的年龄多大，都能懂得真心在哪里，然后将真心的潜能在工作和生活中一步步充分开发和应用，从而获得幸福美满的人生。过去的你不管怎样摔倒伤痛过，从现在开始，我们开始寻找真心，收获幸福。好吗？

目 录

一、不幸福的命运可以改变吗

二、如何化解生活带来的羁绊

三、如何观照那颗幸福之心

四、寻找幸福归途，需要怎样修炼这颗真心

五、幸福，需要具备哪些能力

一、不幸福的命运可以改变吗

为什么你不幸福

不幸福的命运来自“我的偏执”，没有打开“心”的认知度。

大多数的人都认为命运是个难以捉摸的东西，有的人相信“命”，有的人不相信。有的人从小习得了一种观点，认为命运是幸福的；有的人则恰恰相反，会在原生家庭中习得一种观点，认为命运生来就是不济的。

当一个人没有用真心的时候，只能依靠本能去思考问题，而幸福是用“心”去感受的一件事情。所以很多时候人们不幸福的根源往往来自“我的偏执”，这种偏执就是一切以“我”为前提，以自我欲望为中心，对任何事都坚持自己的想法才是对的，其实就是固执己见，从来不把心放在对方的角度去思考一下存在什么问题。这种自以为是的外在表现就是很难与人合作，不太能够用同理心对待别人，甚至对周围的人、事、物缺乏包容和同理心。一个人如果自私自利、我执我爱，那这个人的心量就特别小，什么也容不下。

阿伟是一个刚走上社会不久的大学生，租住的房子离工作的地方很远，工资很低，每个月扣掉房租和通勤的费用以及个人的生活费之外，所剩无几。由于他想要给自己和女朋友一个美好的未来，所以工作很拼，天天加班，甚至为了赚钱生了病也不敢休息，熬夜成了常态，父母生病也不能回家陪伴。他每天拖着疲惫的身体往返于城市中心和自己租住的郊区出租房，跟太阳一起起床，却无法像太阳一样入睡。就是如此拼命的一个年轻人，女朋友觉得生活太苦看不到未来，提出了分手。这件事导致阿伟内心极度焦虑，他就像一个没有安全感的孩子似的，除了不断强迫自己变成工作狂之外，似乎找不到其他事情可做。

阿强的状态也好不到哪里去。虽然相较阿伟而言，阿强有自己的企业，也有相爱的妻子和两个孩子，但是阿强却并不开心。他为了企业的正常周转，欠下很多贷款，别人眼中的阿强是“成功人士”，出入开着豪车，住着大房子，穿着名牌服装，但阿强感觉很疲惫，有一种“苦撑”的感觉。他是父母的依靠，是妻儿的依靠，正所谓全是依靠他的人，却没有他可以依靠的人。于是每天多累多苦，应酬到多晚，回家仍然要努力去微笑，像戴着面具一样地生活。背后是自己在办公室里不停抽烟来麻痹自己紧张的神经，内心感受不到轻松和自由，而且由于压力太大，阿强有时候会整夜难以入睡。

阿伟和阿强一样，由于他们找不到自己那颗自由的心，从而陷入生活的困境里苦苦挣扎。

每个时代都会带给人们这样或那样的困扰，这个时代给人们带来的困扰更多的是人们为了赚更多的钱疲于奔命，应对家庭上上下下所需的各种物质开销，更多时候幸福和心这件事，是需要用钱去表达爱意的。每个人都只能赚到自己认知范围之内的钱，当你打开“心”的认知度，其他认知度也能水涨船高，当你拥有一颗真心，重获自由自在心灵的时候，就能更加广泛地去寻找和认知并承载丰富的物质和精神，才能有效收获真正的幸福和快乐源泉。

在《次第花开》一书中有一句很值得思考的话：有的人居无定所地过着安宁的日子，有的人却在豪华住宅里一辈子逃亡。

“找心”是每个人都需要学习的功课，找到自己那颗易被外界纷扰迷乱的心，然后逐渐让心变得强大，变得不受外在环境影响，那么所有的苦楚才会找到出路，收获圆满幸福。

人在没有破除这种自我偏执之前，内心深处都是自私自利的，很难有所成就。处处只考虑自我的人，必然给自己带来忧愁和烦恼，只有冲破狭隘的自我，做出改变，才能用新的思维和观点看待周围的人、事、物，也才能正确审视自己。

当我们在生活中不断遭遇挑战和挫折的时候，才能学会将“心”打开。如果把“心”视作一间房子，每打开一次就如同开了一扇窗户。开东窗的时候可能看到的是满地狼藉，如果只开这一扇窗户，那么内心的世界一定会郁闷和烦恼。

如果再打开西窗，看到一片青山，感受到鸟语花香，原本郁闷的内心就会透进一丝清凉。

如果再打开南窗，看到孩子在嬉闹，老人在悠闲地晒太阳、锻炼身体，内心就会充满了欣慰之情。

继续开北窗，看到白云在蓝天轻轻飘过，绿树成荫，大自然一派生机，内心世界是不是就更高兴些了呢?

所以，当一个人为自己的心打开了四扇窗子时，刚才因为一扇窗下的污物狼藉所产生的烦恼就全然不见了吧?

心打开得越多，烦恼就会越少，喜乐就越增加。如果把心所有的墙、门、窗子全部拆掉呢？那么，心就像是无边无际辽阔的宇宙般能够包容万物，这时的你还会因某事某物而生气吗？

心若能全然打开就等于无心，无心则空，一个人内心一旦呈现“空”的状态，所有的烦恼、恐惧、担心等都会绝灭。

每一个人要想应对时代和环境的变化，必须随需应变。如果想学到更多，想提升职业能力，想收获更多，就要先把自己变成“一个空着的物体”，而不是骄傲自满，故步自封。

老子在讲“天之道”的特点时说第一中间是空的，总保持虚空的状态，这是这个世界的秘密。我们了解这个秘密对我们有什么好处呢？就是保持自己虚空的状态，在这种状态中更容易创造、更容易接纳，这是我们人生的一个大智慧，谁能够经常保持虚空、中空的状态，谁就能进步。

所以，造成不幸福的根源之一是来自自我偏执，产生自我偏执的根本原因就是缺少心的开放度，心的开放度就意味着智慧。心打开得越宽广，自我偏执就会被破除得越彻底，幸福和快乐自然也就会像窗外美丽的世界一样，渐渐走进来。

如何从找自己问题开始

子曰：见贤思齐焉，见不贤而内自省也。（引自《论语·里仁》）

当今浮躁快速发展的社会，哪个人心里没憋着一些愤怒和委屈呢？谁能保证自己不会把情绪发泄到一个无辜的人身上呢？这个世界，没有哪个人能真正活得得心应手、游刃有余，就算名流富商，也有要极力讨好和全力对抗的人，何况平凡的我们。

很多时候，人们有时不得不曲意谄媚，忍辱负重，结交不喜欢的人，接受不胜任的事，被欺压，被打磨，被伤害，最终带着一肚子委屈，走向人生高点。

所以，找到本心就显得尤为重要。这需要我们在日常生活中修行和顿悟，可以化繁为简，化烦恼为觉知和智慧。找到本心，就意味着心里有个强大的垃圾处理器和自控力，无论遭遇了什么，都用强大的灵魂和意志去主动地面对和及时化解，永远阳光健康。

日常生活中，妻子总是经常抱怨，“我很不开心，因为先生经常出差不在家，回来以后也不帮我干家务”。

恋爱中的女人说，“他又不理我了，以前经常安排烛光晚餐，现在却总说自己加班太忙了”。

妈妈感叹说，“孩子不听话，让我很抓狂，我是一位失败的母亲”。

一位婆婆说，“儿子娶了媳妇就忘了娘，我养了一个白眼狼，我的命真苦”。

一位店员说，“我们老板就是‘周扒皮’，总挑剔我的工作还不给我涨薪水，我运气不好遇到这样的单位”。

一位司机说，“那个人的态度真恶劣，把我气炸了，他超了车还向我吹口哨，什么玩意儿，要不是红灯停了，我一定追上去和他没完”。

一个老板说，“我今天又被那个人骗了 8 万多块钱，因为压力大导致长期睡眠不足，现在已经患上了肝癌，马上快熬不下去了”。

大多数老板都已负债累累，身心疲惫，活着都难，怎么可能快乐。

有一个成语叫绝处逢生，我们真的到绝境了吗？这些都是困扰我们的生活琐事，这些都是与自己最亲的人和自己身边发生的事产生的烦恼，都是受别人的行为影响控制了自己的心，并且把问题都指向别人。我们就是这样年复一年在烦恼中度过余生的。所以，总结一下，我们总是被财物、名利、欲望所困扰，总想证明自己活得比别人好或者是自己的价值更高。

我们三维空间会烦恼，因为总是受二元对立因素干扰。比如，爱一个人有多深就会恨一个人有多深。你非得等到身体不行了，躺在病床上了，才开始回忆过去，总结这些年，才开始思考人生。

人这一辈子最难的就是如何正确认识自己。当你开始思考，外面出现的问题都源自自身对人性和真理认知问题的偏差，这是进入觉悟人生的第一步。

四祖道信大师言："夫百千法门，同归方寸。河沙妙德，总在心源。一切戒门、定门、慧门，神通变化，悉自具足，不离汝心。"也是在强调心的作用。

我国的哲学大家老子曾说过，"知人者智，自知者明"，引申出来就是要"见自己，关注本心"的意思。大道至简，认清自己的本心就是合乎“道”，只有找到自己的本心才能真正地做自己。“心如大海”“宰相肚里能撑船”，说的都是心量的问题。我们今天所说的心是要放大到比海更宽广的范围，从认清自己到见天地万物，把小我逐渐放大，把小我的境界提升到天地的大我境界中去。

所以，如何正确认识自己，从自己开始找问题呢？身体状况已经这样了，家庭、孩子、事业、经济已经这样了，和我谈这么多关于“心”的名人和故事做什么呢？

因为心是万物生发和灭亡的源头，是导火索。就像我现在发起一个念头，我要去北京，然后开始行动去北京一样。所以，你想要得到什么结果都源于你的“心”的这颗种子，就是种什么因得什么果。因为只有找到真心，从自我反省开始，才能认识自己的本来面目，从你找到真心的那一刻起，就是迈入“大我”的境界的开始。而修行，就是不断修正自己的心，然后付诸行动。

《了凡四训》带来的启示

“命由我作，福自己求。”

谈到幸福人生，《了凡四训》这本书给了我们人生的真相以及生活的信心。一个人的幸福来自自己的一念一言一行，灾祸也同样来自自己的一念一言一行。有信心的人表现出的生命状态是爱人、帮人、心中具备充足的能量。

《了凡四训》之前又称为《命自我立》，书籍的作者是明朝袁了凡，这是他集自己一生经历和毕生所学著述而成，并成为教育子孙后代的著名家训。四训包括“立命之学”“改过之法”“积善之方”“谦德之效”四篇。其中的精髓为“命由我作，福自己求”。

2019 年票房过亿的 3D 动漫电影《哪吒之魔童降世》里面的那些

台词“我命由我不由天，是魔是仙我自己说了才算”“没有人能定义你是谁，除了你自己”“如果你问我，人能否改变自己的命运，我也不晓得，但是不认命，就是哪吒的命”，这些观点正是源自《了凡四训》的精髓。

袁了凡的经历告诉我们，建立改变命运的信心来自自己的“心”。

人若能待人厚道，处处为他人着想，则会幸福，这份心代表“善心”；反之，如果对人刻薄，心胸狭窄，起心动念都是自私自利，必将折损福气，这份心代表“私心”。人若能敬天爱人，爱大自然，爱万事万物，则会幸福，这份心代表“敬畏心”。敬畏心即是把自己放空，全心去欣赏赞叹对方，如果自己是满的，就很难看到外面的好。人如果没有敬畏心就会生起傲慢心，傲慢心意味着装太满了，感受不到空的状态。

人若能持续不断修正自己的心，不使心偏离正确的轨道，则会幸福。人身处在纷扰尘世，很容易被身外是非困扰，当烦杂的念头初起就能够及时改正，不纵容和姑息坏的、负能量的念想，就是在提升自己的修为。邪念刚一萌生就要有所觉察，刚一觉察就立刻扑灭，这样就不会犯下过错了。反之，如果不能时时观照自己的心，就像不去经常擦拭镜子一样，会使心灵蒙尘，最终会使心灵变得污浊，产生更多负能量。《了凡四训》影响了很多人，每个人都能从中感受到善念、利他、精进等力量，也让我们看到“心”的强大。就像书中所说的那样：决定一个人富贵贫贱的关键因素并不是风水、星座、命数，而是一个人的心。说得简单一些就是一个人的“所思所想”和“念头”，让心中时刻保持正念和正能量，就会吸引来美好的东西，这也符合“吸引力法则”。

如何寻找真心

既然有真心，就存在假心。

我们总是被假心牵绊着，所以遇到和真心违背时就感到痛苦迷茫，当负面情绪来临时，都是因为没有找到真我真心，这是我们痛苦和不幸福的根源。如果没有身边人点破，我们就一直处在当局者迷中，苦上加苦，日复一日地苟且地生活。

给大家举个例子，比如，我们不小心摔倒在一个大石头上，我们的潜意识就自然会用手保护我们的头，怕头被撞到。这种潜意识的念头就包含在真心里。放空越多收获越多。心灵每打开一扇窗，外面都有不同的风景等着你。心量越大，烦恼就会越少，喜乐就越增加。心如大海，宰相肚里能撑船，这就意味着心可以像大海一样宽广。那如果心量放大到宇宙空间呢？那心就是整个宇宙。这无边无际辽阔的宇宙能够包容万物，我们不把心放在某件事某个人身上，你还会因某人某物而生气吗？心若能全然打开就等于无心，无心则空，一个人内心一旦呈现“空”的状态，所有的烦恼、恐惧、担心等都会绝灭。

每一个人要想应对时代和环境的变化，必须随需应变。而以变应变，就要求我们具有“空杯心态”。即只有杯子倒空了，才可以再倒水。所以想学到更多知识，想提升职业能力，想收获更多，先要把自己变成“一个空着的物体”，而不是骄傲自满，故步自封。

老子在讲“天之道”时说第一中间是空的，总保持虚空的状态，是这个世界的秘密、“道”的秘密，我们了解这个秘密对我们有什么好处呢？就是保持自己虚空的状态，在这种状态中更容易创造、更容易接纳。这是我们人生的一个大智慧，谁能够经常保持虚空、中空的状态，谁就能进步。

每个人都期待婚姻能给自己带来幸福，但有没有想过婚姻也期待你给它幸福呢？我们都期待家庭能给自己温暖和支持，但有没有想过家庭也期待你给它温暖和支持呢？很多妈妈都期待孩子能以自己的心愿来成长，听话照做懂事温和，但有没有想过孩子同样期待能以自己的心愿来成长，妈妈不强求不苛责给予无条件的爱呢？很多时候，只要内在的“心”能够换个逻辑去想，很多问题就会迎刃而解。

小梦是一名家庭主妇，丈夫常年在外面打拼事业，家里经济条件良好。她每天除了定时接送孩子上下学之外，其他时间都可以自由支配。但小梦并不快乐，每天不是因为作业和孩子起冲突，就是同丈夫闹别扭，整个人活成了一个怨妇。这种心态导致的直接结果就是小梦因为心情不舒畅整日闹脾气，她开始觉得自己整日浑身疼痛，她跑了很多家医院，挂了不同的科室，最终也没有找到病因。有的医生说是抑郁症造成的身体疼痛，有的医生说是精神压力大造成的疼痛，但最终都因药不对症而不了了之。小梦的疼痛依然如故，而且每遇心情低落情绪发作的时候，疼痛的感觉就会更重。直到有一天，她慕名找到一位著名的心理医生，在叙述了自己的遭遇后，医生指出了她的症结所在：由心病引发的神经疼痛，并且给出了治病的方法，不用药物，只需要“调整心态”即可。

听了心理医生的话，小梦感到很疑惑，她吃过那么多的药，看过那么多家医院的医师都没能让身体的疼痛缓解，怎么可能通过简单的调整心态就能治愈呢？将信将疑的小梦决定按照心理医生的方法来调整心态。很快，她就找到了自己的心病之源。于是她开始改变自己的念头，不去想不好的事情。奇迹发生了，小梦的疼痛渐渐减轻，最终不药而愈。当身体状况变好的时候，小梦的心情也好了起来，看孩子也顺眼了，对老公也能做到尊重体谅了，整个人从最初的怨妇的状态变成了感恩生活、提升自己的积极状态。

有一个朋友来我们工作室咨询，她说自己一直失眠，每天睡觉时就像在梦游一样，感觉压力特别大，总是感到很恐惧，很委屈，很纠结。我跟她开玩笑说："假如你在意的那个恐惧是一坨屎，你还愿意不停拿出来示人吗？"

我们越是想释放恐惧和担心，越应该去接纳这份恐惧和担心，顺其自然不去与它对抗。这就像是身体里有两个小人儿在打架。一个想要摆脱这份恐惧感，另一个又抓住不放，最后就活得特别矛盾和痛苦。

每个人都有一个身体，一颗心，这个身体好比是容器，有些人能装 500 升，有些人能装 1 万升。当遇见负面情绪的时候，身体这个容器如果能够放大到超级大，如大海或者宇宙，那么这个负面情绪就几乎可以忽略不计。如果你把身体这个容器只是用 500 升心量来装的话，那么身体里就全是臭味了。所以，你的心态容器取决于你自己的心量，不要把这颗心执着在自己的身体或容器上，如果把心放空，让

“心”装满爱和包容，就是一切恐惧的调和剂。恐惧和焦虑，或其他负面情绪都是生活的一部分，我们要学会接纳现实，即使恐惧或悲伤来了，而你的心量无穷大，也很难影响到你的身体健康。心里没有烦恼，这就是幸福。

为什么真心本身不会痛

一张白纸哪来的心痛？痛的是我们的白纸上有了痕迹。

我国台湾作家林清玄说：心随境转是凡夫，境随心转是圣贤。用觉知的心看自己，用感恩的心看世界，就会发现，外界处处充满阳光。

在日本作家江本胜所著的《水知道答案》一书中，有过这样的论述：江本胜作为一个生物学博士做过几百万次的实验，他惊讶地发现，水能够看得懂人的意思，不论是哪个国家的文字，如果是正面积极的文字，水在显微镜下形成的结晶体就是美丽有意义的；如果是消极负面的文字，水显示出来的结晶体就是混乱甚至是扭曲的。比如，贴上“夫妻恩爱”的标签，水的结晶体就是大小结晶拥抱的状态，像是夫妻恩爱的样子。贴上“感恩家人”的标签，水的结晶体就会出现层层叠叠、几代同堂、老幼不弃的状态，像极了一家人彼此支持帮助的样子。

同时，他也用负能量的语言标签对水做了实验。当贴上诸如“恨你”“杀了你”“你是个混账”这样的标签，显示出来的水结晶则是混乱扭曲不成图形的，看上去斑驳丑陋。

水在自然万物中有着举足轻重的位置和作用，它利万物而不争，它是生命之源，就像中国的老子也在《道德经》中多角度多层次分析水的特征与“道”的衍化。

江本胜博士的这个实验告诉我们，自然界的万物对人心的感受从来都不是麻木无情的，恰恰是有情又有感知的，你善它就善，你恶它就恶。

大千世界，宇宙之间，不是只有人是有感情的生物，山河、大地、植物、动物，它们统统都是有生命的。所以我们要明白一个道理，不是只有人类是“伟大”的。

而明白了这个道理以后，也就能够明白什么是真正的“空性”，就是宇宙之间一切皆有可能，一切都不是固定不变的。

英国有个诗人说过“人造住宅”，意思是说人的心如果充满良善与美好，那么他就会吸引来更多的良善与美好。

重视“心”的力量

宰相肚里能撑船，如果你的心空了，整个宇宙都是你的。

有一个词语叫“相由心生”，你的样子看上去美好舒服、亲切友好，还是看上去不舒服让人不想接近，都取决于“心”的力量。

还有一个词叫“境由心转”，境是什么呢？不单指环境，更指境遇。意思是一个人所处的环境及境遇会随着心境的转变而转变。那么，怎么做才能让环境和境遇发生改变呢？比如，同样是下雨天，积极的心态就会觉得“好雨知时节”，这场及时雨多么让人惬意。而消极的心态就会觉得“下雨让人好烦，到处堵车”，老天爷真是不作美，偏偏在下班的时候下雨。同样是春天，积极的心态看到的是百花盛开、草长莺飞，消极的心态看到的则是柳絮乱飞、花粉过敏。这就是境由心转。

无论是相由心生还是境由心转，心念的力量都超乎我们的想象。千万不要小看一个小小的念头，任何一次“起心动念”都可能改变整个世界。

“望梅止渴”就是心驱动感观的典型案例。

曹操带军攻打宛城，行军队伍饥渴难耐，曹操遥遥虚指前方的小山包，说：看！前方有梅林！果实非常丰富，又酸又甜可以解除我们的口渴。士兵们虽然看不到梅林，但经由梅林的语言符号，驱动想象出又大又酸的梅子，立刻口齿生津，精神陡生，终于奋发前行，到了有水源的地方。这种口齿生津的感受就是“心”变现出来的。

凡是重视养生、健康的人，都非常重视心的涵养与净化。心空本身没有时间空间概念，你如果放不下过去总想未来，无法保持当下的觉知状态，吸引力法则就不容易产生作用。所以你的心在哪里？你的幸福归宿在哪里？心的力量有多强大？取决于你的信念，相信你的力量。

“心”的状态对身体和命运的影响很大，元代医学家罗天益在《卫生宝鉴》中说过：“心乱则百病生，心静则万病息。”心神烦乱则百病丛生，而内心平静时，精神状态正常，周身充满和悦之气，则万病也终将归于平息。

所以意识到自己所想是非常重要的。像灯塔一样，我们把思想射向宇宙，然后它们继续发光发亮，外镜再反过来影响我们的生活，外在的世界是内心世界的投射。幸福与不幸就是由我们平时一点一滴的心念感召所致。

幸福和心的关系

心定与心动并存，幸福就是画心的一个圆。

爱迪生，因为有发明电灯的心念才发明了电灯。所以，你得有一颗让自己幸福的心，并且逐步像发展事业一样地用心去做，才能够实现你想要的幸福。我们心的本原是不动的，就像一个圆规画圆圈，真正做到不忘初心，一颗真心不变，用我们的行动幸福地画外圆，最终实现想要的圆满幸福。

有人说，真正的幸福是既能在生活中苟且，又能拥有诗和远方。这个观点乍看似乎没错，但不能说全对。无论是在生活中苟且，还是去追逐诗和远方，都离不开人“心”的感觉。在生活中苟且的时候，明明可以领略平平淡淡即是真，如果心念不畅，则会变成一地鸡毛了无生趣。如果心中欲望太多，即便拥有了诗和远方，也会觉得此山没有彼山的风景美，找不到知足与感恩的快乐，永远在寻找下一个更好的诗和远方。

所以，真正的幸福生活与“心”息息相关。每个人的生活无非要解决物质生活、精神生活以及身心的自由。物质生活的幸福来自与大自然的关系，水被污染、食物不健康，又如何安然享受物质生活呢？精神生活要处理好人与人之间的关系，只有人的关系融洽了才能成就更和谐的精神生活。

有位老师讲过，如果一个人的心是正确的，那他的世界一定是正确的。那么他所面临的整个人生都会是正确的。换句话说，只要心足够美好，那么你就会拥有美好的生活。

可能有人要问了，当人处于健康快乐的状态时会感觉到幸福，那忽然疾病缠身或遭受了严重的打击该如何调整自己的“心”呢？

小A被确诊患了肝癌，最初的一段时间里天天想着自己的生命即将结束，满心的恐惧和痛苦，肝癌的症状也非常严重。经过化疗，医生给出了生命最后时日的预估。小A走在医院长长的走廊里，听着自己略有沉重的脚步声，突然萌生了一种想法：“这是病魔想要控制我，让我的念头时刻处于最糟糕的状态里，我必须尽可能地好起来，不能助长病魔的气焰。”于是，小 A 每天只要有生病无望的念头升起来的时候，就选择冥想，专注于自己的深度呼吸，她从最初一呼一吸能坚持 10 秒到最后能坚持 30 秒甚至更长。当她把自己的意念专注于冥想，放空头脑和心灵，病情似乎已经没有那么重要。她只想让自己有限的日子尽可能地活在当下，专注于自己拥有的东西。她每天都和自己远在外地读书的儿子视频，也会和爱人在医院的花坛小路上散步，回忆他们恋爱时的美好。在得到医生的允许之后，一起去看电影、听音乐会、做短途旅行，甚至去福利院做义工。

经过一段时间的自我调适以后，取得了惊人的效果，小 A 觉得与病魔战斗的日子并没有多么可怕，反而身心愉悦。原本医生说她活不过三个月，最后由于她的“心”改变了，生命的长度也改变了，她现在带癌生存，愉快地生活着。

所以，无论是普通人还是病人，都有幸福的可能，这份幸福和“心”息息相关。

当遇到任何事情，要观照自己的那颗心，那颗心如果迷茫，那么问题就会变得难以处理。如果你开启智慧，凡事都选择积极乐观地去面对，那么你的心就不会迷茫。这也是吸引力法则的秘密：你心里想什么就吸引什么。心灵就像身体的探照灯，只有内心和身体和解，养成好的心态，一切向内看，看好自己这颗心的投影源，才能让幸福之神早些眷顾你。

二、如何化解生活带来的羁绊

事业的低潮和迷惘

人最怕的不是得意忘形，而是失意忘形。

得意时的“忘形”，有一种褒义在里面，比如成语“得鱼忘筌”里的境界就是得意忘形的真实写照，这是一个挺高的境界。但是“失意忘形”则不然了，比如有人失恋了、失业了、高考落榜了等，这都能归结为失意，一旦遭遇失意就表现出一蹶不振，什么都干不了，甚至迁怒于别人，这就是失意忘形。如果得意忘形是和自己有关的，那么失意时的忘形很容易让别人跟着受累。

无论是得意时的忘形，还是失意时的忘形，都是一种不太有修养的表现和状态。这两种忘形，代表的都是心有所困，没有找到正确的疏解之道，又怎么能够不迷惘呢？

有一位母亲，生了三个女儿，由于自身病痛的折磨，她彻底变成了一个废人。整天头不梳脸不洗，跟谁也不说话。严重的时候甚至不让屋里出现任何声音，无论是丈夫还是孩子发出哪怕一丁点儿轻微的声音，都会引起她的情绪爆发，她会摔东西，或拿东西砸人，整个人像疯了一样。这就是一种“心”丢失的状态，也是失意忘形的状态。

如果懂得观照自己的“心”，在遭遇挫折和悲剧的时候，往往正是提升自己心理承受能力的最好契机。这个时候，越是心乱如麻越能考验自己的内心是否强大。疾病让一个母亲的心彻底改变是小概率事件。而事业的低潮和迷惘让一个人失意忘形倒是大概率事件。因为很多人一生中都会遭遇几次风险，或是失败。

有个朋友负责公司海外的拓展项目，一年多时间里业务没有进展，她处在一个瓶颈期无法突破，但又不敢跳槽。与之沟通时，她都在诉说自己的困难，觉得自己像是一条被扔在冰面的鱼，凭自己的力量回不到水里，但又不能一下子死去，所以感到非常痛苦。我也想试着去开导她，但发现无处着手。我能够理解一个人在遭遇事业危机或者处于感情低潮时，表现出来的那种迷茫和彷徨，如果此时身边的人都在往好的方向发展，并取得不错的成绩，横向比较就更会让原本迷茫的人变得更加焦虑不安，烦躁异常。

我个人也经历过事业的低潮期，我十分肯定那时的状态不是我想要的，但是当时我想要什么，我应该做点什么，却一无所知。我也经历过不短时间的调适、觉察，最后找到自己的心和事业方向。

人如果事业到了低潮，心情会很沉重，做什么都提不起精神，有时会自暴自弃，自我埋怨，甚至会放大这种情绪，迁怒别人，迁怒社会。毫无疑问，这样的状态不但谈不上任何幸福和快乐，更多的时候会觉得自己没有价值。一个人价值感越低，那么反弹力也就越低。

电影《巴顿将军》里面有一句非常经典的台词：衡量一个人成功的标志，不是看他登到顶峰的高度，而是看他跌到谷底的反弹力。

如果是个人创业者，要找到自己的“初心”，这个初心就是自己能为周围的人和社会带来什么样的价值，而不单单是利益最大化。当一个人带着这样的初心去做事，往往会得到更多的善缘。哪怕已经到了真正的谷底，一定也会有东山再起柳暗花明的时机，最终也能收获绝处逢生的幸福感。

如果是企业，要找到企业中所有人那颗共同的“心”。人心齐，泰山移。比如日本稻盛和夫之所以能够扭转日航的局面带着企业冲出困境迎来新生，靠的并不是他一人之力，而是敬天爱人的企业共同之力，使得京瓷集团的所有人都拥有主人翁的意识心态，人人都收获了幸福感。

所以，事业的低潮和迷惘能够使人对幸福的感受打折，但是如果有一颗坚韧的“心”，有一颗共同努力的心，那么就能够迎来柳暗花明，攀上高峰迎来豁然开朗。

家庭的纷争和矛盾

夫妻再忙，别忘了共同成长，别忘了在一起的初心！

如果说事业的不顺会让人感到吃力、疲惫，缺乏幸福感的话，那么家庭的纷争和矛盾则会让人觉得没有安全感和归宿感，直接的影响是让每个家庭成员感受不到温暖和幸福，间接的影响会让一个人事业不顺，人际关系不畅。如果家庭成员之间都无法相处得很好，无法营造一个幸福的家庭环境，那么如何能和家庭以外的其他人相处融洽呢？又如何能经营好一家企业呢？

家，是令人无限眷恋的地方，是远征的人回来抖去一身的尘土与疲惫、放松休憩的港湾。家的温暖永远激励着人奋发向上，放心大胆地去追求理想，追寻人生的真、善、美。只有家，永远是我们前进的动力和事业的后盾。这也符合我们祖先倡导的“家和万事兴”的理念。

家庭的纷争和矛盾比起其他的问题更复杂、更严峻，比如说有的夫妻为了家庭财产反目，有的夫妻因为过不下去而分道扬镳，这些家庭纷争与矛盾，对人的身心会造成很大的影响，甚至会让人没有幸福感可言。

那么，幸福家庭都是什么样子的呢？家庭社会学家提出了两种社会标准，即“自我感觉美满”的标准和“外人感觉美满”的标准。无论哪一种，它都能使人产生以下感觉：归属感、欢乐有人共享、痛苦时有人分担。而不太幸福的家庭又是什么样的呢？往往是压抑、烦躁，甚至让人有想逃离的窒息。就像有句话形容的那样，幸福的家庭是堡垒，无论外面有多少风雨，都坚固如铁。不幸的家庭像牢笼，身在其中看不到出路和希望，度日如年。

小亚因为与丈夫感情不和来到工作室咨询，她说家里最让她头疼的就是她的母亲，她什么都要管，简直就是一个“直升机父母”。从自己与丈夫恋爱开始，妈妈就开始操心他们将来在哪里买房，买多少平方米的房，房产证上面写谁的名字，要买什么品牌的车，是贷款还是全款。这些事情在妈妈的眼里都是大事，所以尽一切力量来参与。

而在小亚的丈夫看来，这根本不是参与，而是“掺和”。正是丈母娘的这种过度热情让小亚的丈夫苦不堪言，从最初的尊重忍耐到最后的沉默对抗，渐渐地发展成了言语冲突，这让小亚夹在中间很为难。一边是把自己拉扯大舍不得吃穿的母亲，一边是自己的丈夫。而丈夫不理解她，认为她不劝说自己的母亲，过分听妈妈的话不顾及小家庭。而母亲也不理解她，认为她嫁了丈夫就忘了娘，对丈夫的话言听计从，胳膊肘往外拐。小亚一度因为这些家庭琐事烦躁到不行。她知道从小母亲对她就有控制的欲望，因为自己是单亲家庭长大的。父亲在她很小的时候与母亲离婚，因为当时家里的房产以及存款都在父亲名下，妈妈属于净身出户，而且为了拿到女儿的抚养权还大费周折花了不少费用请律师。所以妈妈的心里有一千个一万个担心，她怕女儿走自己的老路，所以总想着给女儿争一些东西。

小亚把家庭的矛盾都“归结”在了母亲的头上。事实上，家庭成员之间的矛盾，绝不是一个巴掌能拍得响的。深入了解，问题的根本出在了小亚和丈夫之间的感情问题上。表面看上去互相尊重的小夫妻两人，私底下并不是深情相爱的，丈夫总希望小亚能够放弃自己的舞蹈事业回归家庭、生孩子当家庭主妇，而小亚却非常爱自己的舞蹈事业。针对这件事，两人都在暗暗较劲，一个想要说服另一个放弃，一个想要另一个妥协。而作为过来人的母亲却能看得分明，她产生了强烈的不安全感，她怕女儿和女婿的矛盾逐渐演化成她和丈夫的样子，到那时女儿如果没有财产就等于走了和自己一样的路。

在小亚的家庭体系中，夫妻关系并不坚定而热烈，而是暗藏着风险的，丈夫对小亚有怨言，但是夫妻之间不愿意发生正面冲突以免破坏感情，丈夫通过丈母娘而向妻子表达不满；而小亚也不愿意正面回应她与丈夫之间的问题，而是老觉得母亲不理解自己，要掺和自己的家庭问题。夹在中间的这位母亲，的确也有自身的问题，她把自己的不安全感进一步放大，带着自己没有平复的原生家庭的创伤，所以很容易把女儿的生活也看成是那个样子。

小亚的故事告诉我们，家庭的纷争和矛盾往往不是一个人的问题，而是整个系统的核心部分出了问题。那么，谁是核心？就是夫妻关系。如果夫妻迷失了自我，不愿意面对自己的心，找不到自己的心，也就找不到家庭问题的出处，结果彼此都会感受不到爱和幸福。

家庭之间的矛盾和纷争看似普遍，实则不简单。幸福的家庭都很相似，不幸福的家庭却各有各的不幸。家庭矛盾就像生病一样，病症只是一个结果，而我们需要找到的是造成这个“果”的因在哪里。比如，生病这个结果是饮食、情绪、生活习惯等原因造成的。家庭关系不和睦也是一个结果，根源在于每个家庭成员的“心理”。这个心理来源于各自的原生家庭和价值观，也来自每个人不同的意识形态。所以，当发现家庭有了矛盾和纷争从而影响幸福的时候，要打开自己的“心灵之门”，这个门的钥匙是求知，是谦卑，是成长，是自我修炼。只有自己的心态发生了改变，才会懂得尊重、平等，也才会在自己成长的同时带动对方成长。

成长的女人会打开心的格局，也会让男人觉得不可小觑。而当一个女人停止成长后，她的心念与能量也会渐渐失去光华。

男人同理，不停下成长脚步的男人会让太太仰慕，在家庭中既能担当责任又能像大树一样，带给家庭成员以庇护。所以，成长的夫妻关系不是谁迁就谁，或谁服从谁，而是谁支持谁、谁帮助谁，实现共同成长。

就像舒婷的诗歌《致橡树》里描述的婚姻关系：我不愿做攀附的凌霄花借你的枝头炫耀自己。我必须是你近旁的一株木棉，作为树的形象和你站在一起。我有我红硕的花朵，你有你的铜枝铁干，我们分担寒潮、风雷、霹雳；我们共享雾霭、流岚、虹霓……我必须是一个独立的我，同时也是支持着你的我。我想只有这样的爱情才有活力，经得起洗礼，符合爱的本质——让彼此成为更好的自己。

想要让家庭幸福难不难？难，因为锅碗瓢盆难免会有磕碰的时候，但是那是过去，跟现在不一样，现在我们有很多渠道可以学习，可以提升，可以改变我们的心念和认识。只要我们愿意带着觉知，放下对立，我们就可以得到幸福，让亲密关系越来越好。

现实中，很多人都认为婚姻关系好不好，夫妻关系是否和睦，是双方的问题，我这里想说，大部分是你自己的问题。就像张德芬老师说的那样，外面没有别人，只有你自己。假如你能百分百地努力成为一个更好的自己，那么夫妻之间的关系就自然会变得更好。不要把希望寄托在别人身上，要放在自己身上，所有的问题都在自己的“心”上，这样就找到了家庭幸福的钥匙。

子女教育的麻烦与无力

父母是根，夫妻是干，孩子是树冠，和谐家庭从根源开始。

现如今大部分人并不能够通过教育孩子收获幸福，反而觉得教育孩子变成了一件令人棘手又头疼的事。比如，很多家长在抱怨教育孩子这件事上费心费力还不讨好。之前人们刚刚解决温饱问题的时候，能把孩子健康养大就很知足，随着生活水平的不断提高，家长对孩子的要求越来越高，教育孩子的问题也层出不穷。比如：

有的家长看到别人家的孩子优秀就不淡定，生怕自己的孩子输在起跑线上，于是心里怀着对“别人家孩子”的羡慕嫉妒恨，催逼着自己的孩子各种“追、赶、跑”。

有的家长听专家说孩子要“富养”不能“圈养”，于是对孩子各种满足，哪怕自己舍不得吃穿用度也要尽最大可能满足孩子。结果是，父母只是普通的平民百姓，却把孩子养成了“富二代”，非名牌不穿，非大牌不要，如此一来，养出来的不是孩子，而是皇帝和祖宗。

这种种迹象表明，家长教育孩子是无力的，并没有自己的一套行之有效的方法，反倒是人云亦云，盲目跟风。

家长溺爱孩子，个个孩子都是父母掌心的宝，老师不敢管，处境极为尴尬。

作业留得多，家长投诉负担重；作业留得少，家长投诉老师不负责。管得轻，家长投诉老师没能力不会管；管教严格，家长投诉老师体罚孩子。再不然就是各种威胁告到教育局或者网络曝光，等等。面对这样的局面，老师感到很无力，指手画脚的人太多，老师要顾忌的也太多。

当家长无招和老师无力的时候，最受影响的便是孩子，他们会很无奈又无望。孩子们不再是天真烂漫心无杂念的状态，每天上学被作业占据，放学被辅导班填满，除了学习就是作业，除了作业就是课外辅导。当一个孩子没有了玩耍和放松的时间，哪里又有什么探索和思考的时间呢？这样的生活对于孩子来说，只是机械地刺激大脑发育，心灵得不到滋养，渐渐失去了创造力。

家长、老师和孩子组成的这个庞大的教育队伍，并不是一个求知、学习、思考的闭环，而是各个环节都有不为人知的麻烦。学校认为家长要负主要的教育责任，家长认为教书育人是老师的天职。所以，面对孩子的教育就出现很大的无力感，这种无力感造成了很多有孩子的家庭幸福感的减少。因为一个孩子从小学到高中甚至到大学，要十几年的光阴，这十几年里，父母都绷着紧张的神经，孩子也压抑着脆弱的心灵，焉能有幸福可言？

所以，如何进行教育似乎成了很多家庭面临的首要问题和困惑。

所谓平凡的心就是父母要接受自己孩子的平凡甚至平庸，不要对孩子抱着不切实际的幻想和过高的期望，孩子是没有标签包裹的种子，父母能做的就是给予他们合适的阳光和土壤，父母无法决定他开什么花以及什么时候开花。

所谓感恩之心就是要对孩子心存感恩，感谢孩子选择成为我们的孩子，经常用欣赏赞美的情怀去对待孩子，就像前面说的赞美一棵树或者水结晶，树木就能长得好，水结晶也能变得漂亮。是孩子让我们有机会去参与和见证一个生命的成长，在孩子身上慢慢找到自己的影子。父母陪伴孩子，孩子成就父母，彼此关爱，互相成长。

陪孩子共同成长，最主要的是培养孩子具备掌握和拥有幸福的能力。你会发现，往往在一个幸福并充满爱的家庭，孩子都比较优秀，因为一个家庭充满爱意，夫妻关系和谐，家庭爱的能量能默默滋养孩子快乐成长，孩子心情好，学习效率高，自然容易上进。所以，经营好夫妻关系，是成就子女最好的灵丹妙药。教育孩子从来不是靠情绪解决问题的，我们父母要做好分工，用一颗平凡、感恩、静待花开的心来教育孩子，就等于结合了爱与心的精神教育，是渗透到孩子灵魂的教育。那样父母才会发现：自己的能力完全超乎想象，不但能为孩子打造一个更加美好的未来，也能因为教育出一个好孩子而收获知足与幸福。

人际关系的紧张与不安

在关系中学会用心共情，站在对方角度思考，重新认识改善自己。

无论是事业伙伴还是家庭成员之间的合作，都可以归结为人际关系。与同事之间，与家人之间，所有能够顺利合作并赢得支持的关系，大部分来自人际关系的顺畅。

生活中最重要的关系是个人与他人的关系。那些出现严重的心理问题以及找不到方向的来访者，追溯他们的成长史，基本上都和他们童年的成长经历有关，也和自己与他人不能够建立良好的人际关系有关。在其青少年阶段，没有与伙伴们结成良好的关系，成年之后，他们无法建立和谐的人际关系，或者无法表达自己的愿望，或者无法学会拒绝和妥协，因而一直停留在不正常的人际交往模式中。

人一旦有了不正常的人际交往模式，会觉得别人不理解自己，或者自己融不进团队。如此一来，怎么会有幸福感呢？

人活在世上，人际关系是少不了的。人际关系是一种天性的需求，没人能够脱离人际关系。这种关系能够促进人的积极性，更是一个人收获幸福的基础。

综观那些生活幸福的人，身边往往都是关系很亲密的人，他们无话不谈，能一起分享快乐，能一起克服困难，他们可能与父母亲密，可能与伴侣亲密，可能与挚友亲密，这样的关系使他们很容易融入人群中，在职场上也会如鱼得水。反之，当一个人觉得很难与周围的人建立起亲密的联结的时候，往往会觉得生活很灰暗，自己内心很孤独。

有心理专家研究表明，人类的心理适应能力是否强大，最主要的就是对人际关系的适应。人际关系处理得好，则心理问题少，疾病的发生也会少。反之，大部分人的心理出现问题，往往都是人际关系出了问题。

众多的科学研究表明，如果一个人拥有强大的人际关系支持系统，那么，这个人达成自己心中目标的概率也会增大。比如，那些加入抗癌协会的人，他们往往因为共同的目标在一起互相鼓励和支持，使得带病生存的年限延长，甚至有不少人因为参加这样的组织抗癌成功。即使是健康的人，加入了这样的一些团队、或组织线下沙龙，也会拥有更强的免疫系统，更少患病，即使偶尔患病也会较快地康复起来。

某机构花了几十年的时间追踪了几千人，力求通过记录这些人的生活轨迹和他们与别人的关系来总结什么是幸福以及如何感觉幸福。最终能够持续接受追踪报道的人只有几十人，虽然结果并不一定具有代表性，但该机构得出一个结论：不是人们普遍认为的有钱或出名就会幸福，而是他们与身边的人相处得好才感受到真正的幸福。这些幸福首先来自人际关系——高质量的人际关系。这个很好理解，我们现在微信里动不动就会有几百个甚至几千个联系人，但并不都是高质量的人际关系，有的或许彼此都不认识，更谈不上融入对方的圈子，所以这只能算是人际关系，而不能算有质量的人际关系。太多没有质量的人际关系反而会消耗一个人的幸福感，比如发朋友圈的时候你会有所顾虑，怕不认识的人看到自己的动态，又怕熟识的人窥见自己的状态，这反而会让自己的心受到影响，从而影响生活的方方面面。

听过很多人抱怨，认为人与人之间相处起来很难。其实，我们每个人生活的每个层面，问题的核心都源自我们不知道该如何面对或处理那些令自己感觉不舒服的关系。比如，与父母的关系，与爱人的关系，与孩子的关系，与领导同事以及下属的关系，在这些重要的关系中，一旦不会处理就会出现“卡壳”现象，也就很难体验到幸福和爱。如果这些关系处理得好，被这些美好关系所呵护和滋养，那就会感觉到自己的价值和生命的意义。

然而所有这些抱怨的人，认为关系不好相处的时候，往往会把责任指向对方，认为是别人的不好才导致了关系的难以融洽，于是大部分人的想法都是企图通过改变对方从而改善关系。这样做的结果是，在人际关系相处中，如果不先改变自己，那么这段关系则很难有改观。

想要有和谐的人际关系，要学会处理好和自己的关系，这也是一个“找心”的过程。当我们放下“是别人的问题”这种执念，往往会找到自己更有力量的部分，才会在人际关系中掌握主动权，而不是被动地期待对方去做出改变。就像慧律法师所说：每个人最大的问题就是一睁眼看到别人的错误，一张嘴就说别人的是非，很少能够发现自己哪里出了问题。

改变别人永远得不到改观，只有改善自己才能成就和谐的人际关系。在关系中学会认识自己，改变自己，修炼自己，达成智慧人生，是极其重要的。一个人只有修炼自己，才能打开自己的心门去接纳别人，从而收获良好的人际关系，最终获得幸福的体验。

难以拥有久长的财富

一个人对财富的承载能力就是他的德行与人品，也就是他与财富匹配的“心”。

每个人终其一生似乎都在追求“财富”。

那么，财富是什么？

浅显意义上可以这样理解“财富 = 钱”，但钱却又不能完全代表财富。钱可以算作是有形的财富，更大的财富却来自无形。比如，家族人才的兴旺，子孙事业的发达，家族成员的健康长寿，这些都可以看作是无形的精神财富。

冯仑先生说过：“钱是有腿、有性格的，也是有气味的。想要运作金钱，想要懂得如何让别人支持你，让钱到你的公司创造效益，就得懂人心。钱心跟着人心走。全世界最聪明的人最终都是先研究人心和制度，反过来才能驾驭金钱的。”

从小我就听着一个叫陈四的人的故事长大，他是十里八村的富豪，当人们对“万元户”津津乐道的时候，陈四的年收入已经到了10万元；当人们开始在村里建三层小楼房、买大哥大的时候，陈四已经拥有了城里的房子和出入便捷的小轿车。陈四主要做建材批发，很多人都很羡慕他的赚钱能力。尤其让人们对其敬佩的是他还带动了村里的很多人，解决了农村大部分青壮年的就业问题。每遇逢年过节，陈四都会为孤寡老人送米送面送棉被，人们都亲切地称他为“四财神”。这样的美好光景一直持续了好几十年，等到陈四的儿子陈有庆出生长大以后，人们渐渐对陈四的感觉变了。因为陈四教子无方，他只会尽最大努力去满足孩子的一切要求，从小送名校，高中毕业以后送出国门，在国外学了四五年以后，陈有庆染上了一身的坏毛病，整天惹是生非。面对着这样一个儿子，陈四从一个身价过亿的企业家，渐渐变得越来越忙，他不是忙着运转企业，而是花各种钱来给儿子买平安。就这样，他的心全用在了儿子身上，无心经营企业，没用五年时间，企业已经从原来的净利润、净资产变成了负利润。当人们看见陈四和陈有庆一起被警察带走的时候，才知道陈四也参与了儿子的不法事件。财富如日中天的时候，是陈四心地最善、福报最大的时候，德行没了财富也就散了。

这个故事告诉我们，一个人对财富的承载能力就是他的德行与人品，也就是他与财富匹配的“心”。就像一张桌子只能承载80斤的重量，非要往上面放300斤的重物，桌子一定会散架是一个道理。

有一本给世人警醒和智慧的书叫《保富法》，这本书是曾国藩的外孙聂云台老先生所撰写的。老先生住在上海大半生，目睹了很多发财的巨富，但大部分最终的光景都没能守得住财富。有三年五年败光的，有五年十年败光的，这其中有从商的、从政的，最后都落得家徒凋零没落的凄凉结局。

聂云台老先生在书中列举了很多案例，比如江西的周翁，他是盐商的领袖，拥有数百万银两的财富，却舍不得捐赠五百两来救济贫苦。他活到80多岁，在死的时候，遗产有将近几千万元，子孙有十房，可是当分了家之后，不过十几年光景，就空空如也了。

该书结合了作者的亲身经历以及对财富的智慧洞见，讲仁义爱心，讲厚德勤勉，讲积德行善与空色疏财，最终成其保富的哲学之本。名为“保富”，实际上最高的境界应该是“人散财为善”“财入善福之门”。老先生在书中道破人获得财富的真谛，劝告世人应懂得散财布施，修福修善。

总而言之，财富与人的幸福息息相关，创不了富又守不住财富的人怎么能够幸福呢？

三、如何观照那颗幸福之心

天生的幸福和后天得到的幸福

幸福是心动，持久的幸福是心定。

对于幸福是天生的还是后天得到的，有不同的声音。有人认为那些一生活得顺风顺水的人，往往是含着金汤匙出生的人，他们从小就生在金窝银窝福窝里，获得幸福也较普通人容易得多；也有人认为并没有天生的幸福，大部分人的幸福是后天自己创造的，父母给予任何一种生活状态都是暂时的，而一生很长，真正要收获幸福的体验是需要自己去创造和感知的。

很多时候我们感知的幸福或不幸福，并不是固定的，而是可以经由自己去改变和获得的。即使真的有先天的遗传因子，习得了一种不太容易的悲观基因或性格，但依然能够通过后天的学习与认知去改变。认为幸福不是天生的人，大部分持悲观的心理状态，会轻易向一切造成不幸的外在事物屈服。而认为幸福是可以后天创造的人，大部分持乐观的心理状态，会认为造成不幸福的根源往往不是外在事物造成的，而是由于自己内在的感受力，内在的心没有打开幸福的通道，或者由于自己的心没有开放才阻碍了幸福进来的路。每个人的心里都有一团火，外人只看见那团烟，只有陪在里面一起生火做饭的人，才能感受这团火的幸福。

科学研究发现，当人们开始坠入爱河的时候，迷醉情感会产生一种叫作苯乙胺的物质，简称 PEA。苯乙胺与多巴胺、去甲腺一样，都是在首次产生浪漫爱情的感觉时，人体分泌的化学物质。短暂的幸福主要通过五官六感去感知对方产生兴奋感。但真正长久的幸福需要双方朝着一个方向共同展望而齐心努力，家庭和谐、社会稳定，需要我们从一开始就奔着长久的幸福生活去追求。短暂的幸福可以通过买一件心仪的衣服，或者换一部好车，甚至看一场好电影获得，在这个过程中你享受到了感官上的体验和物质上的幸福。而长久的幸福则是那种能够带给一个人心灵平静，而且无论生活怎样都会觉得是很美好的体验。这种幸福感通过自己的努力而获得，或者通过自己内心的笃定与宁静而获得。比如，那些经常做慈善事业的人，做免费义工的人，他们在帮助别人的时候感知到了自己的价值感。

心理学的研究发现，人的幸福水平以及感知幸福的水平，有 30% 左右是先天遗传决定的，10% 左右是环境决定的，剩下的 60% 是心理因素决定的。所以，真正决定拥有长久幸福的是“心”。如同作家路遥说的那样，即使没有月亮，心中也是一片皎洁。这样又何愁不幸福呢？佛陀也说过，除非你觉得悲惨，否则没有什么是悲惨的；同样的道理，除非你能感知幸福，否则没有什么事会让你觉得幸福。

我有一个闺密，她突然消失了三年之后，有一天回来说自己乔迁新居让我去帮着暖宅。我也正好想知道这几年她因为什么“人间蒸发”。当我看到三年没见的闺密完全像变了个人，不但相貌依然清秀还年轻了不少，而且房子买的是二层海景小别墅，不禁惊讶。要知道在这之前，她和我的状况也相差不到哪里去。没车，没房，老公还被别人拐跑了，她说自己的生活像是从之前不谙世事的公主变成了被施了魔法的女巫，不敢见人的感觉。而现在的她却有了天翻地覆的变化。

她给我讲起了这三年的变化，在她生活最灰暗的时候，她开始思考，意识到这一切都是自己的心在作怪。她原谅了自己的前夫，也开始坦然接受自己的遭遇。她开始一点点找回自己，投入了一个新的工作领域，用之前的工作经验很快拓出一条新的路，三年时间就从一个被人抛弃的小女人变成了能够掌握自己命运的大女人。内心的格局放大了，路也似乎宽了很多，她用自己的实际行动证明了幸福不会从天而降，但却可以靠自己奋斗换来舒适自然。

之前看过一本书叫《象与骑象人》，其中有个比喻，“心”是一头力量惊人而放任的大象；而我们的逻辑与理性则是“骑象人”。我们内心的骑象人理性地告诉我们什么是对的，可是我们的大象却把我们带向了错误的一边。所以，我们要做的就是学会如何驯服心中的“大象”，做自己的驯象人，那样才能得到真正的幸福。

打开自己的心是一切关系的源头

开心——即是把心打开！

很多人觉得自己生活不幸福，其实是没有打开自己的心。如果换一个角度，看事情的思维就会不一样，这就是打开“心”的正确方式。这个世界如何呈现，心的打开方式很重要。作家萨克雷曾经说：“生活就是一面镜子，你笑，它也笑；你哭，它也哭。”

有人看到一个坐在轮椅上的残疾人，于是怀着极大的同情心对他说：“你真辛苦，每天被这个轮椅束缚。”而轮椅上的人却微笑着回应：“我不觉得辛苦，我很感恩，是轮椅将我从屋里带到了屋外，带到了更多我想去的地方，轮椅代表着我的腿，给我的不是束缚而是自由。”

有一个女士每天下班的时候都要跟同事抱怨，“一天的工作结束了，又得回家做饭，真是很烦恼”。同样的事情，另一个女士则认为“感谢一天的工作结束了，这样我就可以放松心情为家人准备一顿可口的饭菜了”。

这两个小片段，前者的心没有打开，看到了别人坐轮椅的辛苦；后者的心没有打开，把为家人服务视为负担。

每个人的“心”决定我们的生活方向和品质，并且能够带领我们看透世俗，了悟生死。同时，“心”对外界的解读方式决定着我们看到这个世界的模样，当解读世界的方式改变了，我们眼中的世界就改变了。做同样一件事情，每个人看人、待事的方式不同，考虑问题的角度不同，对宇宙人生存在的规律理解不同，就会有不同的结果。

小梦与前夫离婚快三年了，近三年的时间里她一直都对前夫耿耿于怀，认为是命运不公让她遇到了一个渣男，才导致自己美好的青春都浪费在不值得的人身上。为了惩罚前夫对自己的伤害，小梦不但承担了离婚后孩子的主要抚养权，而且拒绝前夫对孩子的任何探视。即使孩子偶尔会提到爸爸，小梦也会以各种理由向孩子灌输“爸爸不存在”“爸爸不值得”“爸爸是坏人”这样的理念。直到有一天，孩子因为在学校里与其他同学发生了肢体冲突，小梦才意识到问题的严重性。原因是孩子们一起讨论各自爸爸的时候，唯独自己的儿子沉默不说话。有个同学对儿子开玩笑说："他一定没有爸爸，因为从来没有看到他爸爸来学校接他。"于是，儿子向同学举起了拳头。小梦与儿子沟通的时候，发现孩子的情绪并不积极，而且问她："妈妈，我真的没有爸爸吗？"

小梦开始思考，是不是自己错了。她找到了我的工作室让我帮助她解决心理问题。她很坦诚，说自己总是过不去与前夫的这道坎，总认为婚姻没有走下去前夫负主要责任，孩子内心的孤独和痛苦也是前夫的错。

我看着面前的小梦一副全世界都错唯独她自己没错的样子，知道她的"心"迷失了方向，她的心门关闭得紧紧的。

婚姻是两个人缔结的，如果出现问题一定不是一个人的问题，所以，首先小梦把所有的责任归结在前夫的身上是不公平也是不道德的；其次，婚姻质量的高低却是一个人能够把握的，曾经我们以为只有双方努力，才能挽救一段关系，却不知道单边改善也能让我们抵达灵魂关系的彼岸。这其中最大的区别在于是否能够打开自己的心。如果自己的心打开了，就不会把所有的过错归结给别人，无论是婚姻关系还是其他一切关系。

我们与所有人的关系最根源处，都是与自己的关系，解决了与自己的关系也就解决了我们与所有人的关系。我们与自己和解，才能与别人和解，与自己和解的方式就是打开自己的心。

小梦走出工作室的时候，已经改变了原本封闭自己与世界对立的状态，她的目光和语言也变得柔和起来。她终于理解了与前夫离婚，在很大程度上不是前夫一个人的责任，也有她自己的责任。当时的她因为没有与自己和解，从而一直陷在责怪别人的泥淖中无法自拔，而且还因为自己的缘故而破坏了儿子与前夫的关系。之后，小梦主动联系了前夫，约了时间让他和儿子见面，并且近三年来，第一次对前夫说了“对不起，我之前没有意识到错误，我们不能做朋友，但也不至于成为敌人”。小梦的心打开了，那个堵在心上的障碍也就移除了，不仅使自己舒适了，前夫和儿子也感受到了温暖。

曾经的我也像案例中的小梦一样，出现任何问题喜欢向外归因，浑身带刺，在经历了很多事情，见识了很多“高人”以后，终于明白，真正强大的人，从来不需要去苛责别人，更不会表现出极端的强势。恰恰相反，越是接触的人多了，越发现他们中的某些人非常谦和，让人如沐春风，在智慧与见识的支撑下，让人愿意接近。从前的自己好胜心强，对自己要求很高，经过多年的“找心”与“打开心门”，学会了用平常心看待身边的人和事，也同时学会了内观看向自己。当自己的心越来越通透明亮的时候，外面的一切关系也变得友好起来。

先把自己看小，内心才会变大

地低成海，人低成王，别把自己当回事。

在生活中，每个人都会遇到各种各样的问题和困难，但是，有些人能够坦然面对，而有些人却把问题和困难放大，然后钻进牛角尖里出不来。之所以有不同，关键在于内心的感受不同。前者能够做到心平气和，所以问题似乎也不成为问题；后者无法做到心平气和，就会使得问题变得更加复杂和棘手。

心平气和是什么样的状态呢？是心灵能量的平稳输出和输入，表现出来的状态就是言语温和有礼，情绪稳定，释放出来的气场是明亮而祥和的，让人感受到亲和力与吸引力。

人们总是陷入烦躁和焦虑中，源于每个人都太在乎自己，觉得自己十分重要，如果不被生活善待，就会产生一种受伤的感受。究其原因还是把自己看得太高了，才会在意外在的一切，从而触动自己的敏感神经。只有把自己看小，内心才能变大，才会进入那种心如止水的状态，即不管别人说什么做什么都不会影响到自己。有句话说得好，地低成海，人低成王，把自己放低才能汇聚能量，才能拥有海纳百川的胸怀。只有先把自己看小，格局心胸才能放大，你的世界才能变大。

作为普通的人，稍微有一点成就或地位，内在的自我就会不断膨胀，认为自己是第一，自己高高在上，从而受不得委屈，看不得自己的不好。

有一位著名的表演艺术家讲过一个故事。他觉得自己已经很有威望，并且也很出名，平时去到哪里都会被人们前呼后拥争相报道甚至索要签名。有一次，他突发奇想，决定跟大家开个玩笑。吃饭前，他把自己藏在饭厅内一个不被注意的柜子里，想等到大家遍寻不到时再跳出来。结果令这位艺术家尴尬又失落的是：大家丝毫没有注意到他的缺席，酒足饭饱后纷纷离去，没有一个人注意到他这位“名人”不在场。从那以后，他告诉自己也告诉朋友们，永远不要把自己看得太重要。只有不把自己看得太重，才能活得轻松。

但凡有智慧的人，大部分呈现出来的状态都是心平气和，荣辱不惊的。他们也许是很知名的人，很有威望的人，但却往往也是能把自己看小的人。

被称为“行走在人间的天使”的特蕾莎修女就是一个把自己看小、把世界变大的人。她把自己的一生献给印度，献给了全人类最伟大的事业，在印度她关心最穷苦的人，把毕生精力和爱撒播人间。她花在自己身上的钱微乎其微，在 1979 年诺贝尔和平奖的颁奖台上，她穿着一件只值 1 美元的印度纱丽上台领奖。在生活中也是，无论是和总统会面还是和穷人在一起，她都穿着这件衣服。而且还把自己获得的诺贝尔奖牌卖掉，所得款项和奖金全部用来帮助穷人。

她一手创建的仁爱传教修女会有几亿美元的资产，但她一生坚守最朴素的生活方式。她只有电灯和电话两样电器，个人全部财产不足 100 美元。她努力帮助穷人的时候也时刻照顾穷人的尊严，所以让自己也成为一个穷人。在她看来，给予爱和尊严比给予食物和衣服更为重要。正是这样一位大慈大悲的天使，给印度带来了希望，给世界和平带来了希望，成为全世界最了不起的人。她的光辉人格魅力是那么伟大，而她一生却把自身看得那么小。

我们每个人都应该先把自己看小，才能让自己的内心世界变大，当自己的内心大到足以容纳事物，变成“宰相肚里能撑船”的状态，还有什么事情看不开呢？

生活中，越有底气的人越沉静简单，越低调没架子，这个世界看似复杂多变，本质上，还是你一个人的世界。变来变去都是你自己的心在变，没有平静的生活，只有平静的心。给自己一份安恬的心境，你会发现，一朵花、一片树叶都是那么的美丽，小花小草都把自己看得很低，却生生不息，满山遍野，装点着山河大地。

正心、立业、圆满、帮人

一个人正心、立业又圆满时，就会成为一个真正帮助别人的人。

每个人的心就是自己世界的主宰，我们在这个世界上所遭遇的一切都是自己的心所造成的。所以，我们不能向外求，而应该向内求，向自己的“心”来求，这就是我们常讲的正心。

我们的人生取决于自己，而不是别人。我们只有对自己负责，修正自己的心，才能用自己的心感受我们眼中的世界。不管外在条件如何，取决于生活是否幸福的根本是你如何认识自己的内心，你的优缺点是什么，处在什么样的环境里，跟什么样的人交往，正在做什么样的事，能够带给别人的是帮助还是负担，自己与他人的关系是顺畅还是纠结等，认识自己的过程，就是一个正心的过程。

一个人能够做到“正心”，也就能够如实内观自己，这样自己的内心就会升起一股无形的力量，自己的人生也会发生翻天覆地的变化。每个人都希望走一条光辉无碍阻的路，但总被各种问题所困扰，之所以会这样，是因为大部分的人不认识自己是谁，找不到自己的“心”，所以才会被外物左右，才会向外求。

所以，第一步我们依然是要找到自己的心，坚定自己的心，达到“正心”的境界。

当一个人的心找到了，立业其实是很容易做到的事。试想，当一个企业家或公司的高管，要领导不同性格的下属去做不同的事，要怎样才能带好一个团队，让大家心往一处用、力往一处使呢？肯定不能靠天天惩罚与责骂，更多的应该是用人格魅力来感召别人。虽然管理者能够有权力去指挥别人，甚至去责骂和定下严苛的制度来让人服从，但这只是外表的服从，内心并不认可。所以，当一个管理者学会了正心修心，如实地观照自己的心，就能学会包容别人，甚至引领别人，起到榜样作用。如此别人才会心服口服地跟随，企业怎么可能不红火呢？

有一个管理者说，最开始他觉得所有的人都不服管，他就采取高压政策来管理，不是罚款就是扣奖金，甚至还要开会骂人，公司的业绩也日渐亏损。后来他通过学习传统文化，不仅打开了自己的心，而且整个人开始转变，不再骂人，开始以理服人。他先从自己入手，凡事先从自己身上找原因，然后再去和下属沟通，公司整体氛围开始变好，业绩也渐渐有了起色。

想一想我们每个人立身处事于社会中，我们的家庭、企业能够处理得很和谐的状态是什么在起作用呢？时常为了一些不太起眼的事情闹得不可开交又是什么在起作用呢？好的状态下受益，不好的状态下受伤，无论受益还是受伤都是自己。所以，当我们能够做到正心的时候，往往受益的是自己，圆满的也是自己。我们用仇恨的心看待这个世界，世界处处充满算计；用慈悲的心看待世界，世界处处充满爱和活力。所以，我们要经常问问自己，想要一个什么样的结果，想要什么就从内心播种什么。当一个人被贪、嗔、痴包裹内心的时候，又怎么能够得遇一个清明的世界呢？当一个人开始改变自己的时候，他所处的世界就开始变得圆满了，家庭、事业都会向着好的方向发展。

等到一个人通过正心、立业达到圆满的时候，就会成为一个真正可以帮助别人的人。否则，连自己都没有活得通透，又怎么能够去帮别人呢？

那么，如何成为一个可以帮别人的人呢？很简单，通过日常行为和实际行动，让别人看到你的改变，感受到你身上散发出来的那种正能量。比如，你说从今往后要控制情绪，不再动不动发脾气，当别人看到你真的学会了控制情绪，那么对方也会改变并且收敛自己的情绪和脾气。比如，当你从今往后要保持健康的生活方式，饮食和睡眠上都能在意的时候，也能带动别人去过健康的生活。

所以，我们第一步要先让自己的心安住当下，不受外源纷扰，慢慢地你才会感化周围的人。如果你自己都做不到，怎么能够去要求别人？只有你自己做到了正心、立业、圆满的时候，才可能实现帮人。

生命充盈是把“心”放空

心空了，才能照见山水美景。

有智慧的人往往不让心里有太多负担，所以有句话说“心无杂念纷扰，就是幸福之人”。现实生活中，就是要看我们能不能把心放空，如果不能够把心放空，现实生活中的一些事情都会让人放不下、看不破、牵肠挂肚，从而给自己造成了非常大的压力，或者与人相处时会因为种种顾虑和担心而左右摇摆不定。

放空的真正含义就是顺其自然，遇到一件称心如意的事，你对这件事充满欢喜，那就享受它；不喜欢的话就尽量避开它；如果既不喜欢又无法避开，那就要想办法去改变它；如果改变也做不到，就要尽量去接受它；如果接受也做不到，就想办法来处理它；如果无法处理，就要放下它。

举个最简单的例子：某人生了一场大病，内心非常恐惧和难受，最初天天抱怨命运不公，怎么会让自己摊上这桩倒霉的事，渐渐他发现抱怨无济于事，于是开始跑各大医院求治。结果医生对于这个病也无能为力，只能做到控制和缓解而无法真正药到病除。病人又陷入了短暂的自我封闭和痛苦的状态，觉得自己无法接受，等时间一天天过去，由于自己的情绪失衡导致病态呈现更加恶化的趋势，他想到了在有限的时间里抓紧处理一些之前没有想过的事情。当他坦然接受了自己生病这个事实，疾病似乎没有那么可怕了，尤其当他发现能够带着病生存的时候，他不再怨天尤人，不再陷入“受害者模式”里，生活竟然有了不一样的改观。

这个例子就是一个逐渐把心放空的过程。很多时候，每个人生活的过程就是不断和自己、和别人以及和世界和解的过程，也是渐渐把心打开的过程。把心放空不是排斥智慧，抗拒活力，恰恰是积聚智慧重现活力的过程。只有把心中的“垃圾”清空了，头脑才能更加清醒，从而能够用更加客观公正的眼光来看待这个世界。

老子有言：天地不仁，以万物为刍狗；圣人不仁，以百姓为刍狗。天地之间，其犹橐龠乎？虚而不屈，动而愈出。多言数穷，不若守于中。大意为：天地是无所谓仁义的，对待万物如同对待刍狗，任凭其自生自灭。圣人也是无所谓仁义的，任由人们自作自息。天地之间，就像风箱一样，中间虚空无物却不枯竭，一直在不断运动，越鼓动风就越多，生生不息。不断地寻找探求反而行不通，不如保持内在虚空的状态。

老子用“空”和“有”来说明，越是放下越是拥有。这就是把心放空的真正境界。如果我们普通人能够把自己放空，就会产发更多的幸福感，让生命呈现充盈状态。

我们普通人，尤其是经常练瑜伽的人应该深（身）有体会，只要眼睛一闭，心放空，什么也不去想，只享受当下安静坐定的几分钟，感觉呼吸会变得均匀，整个人会感到充满能量。这一刻就是身心合二为一、放空忘我的瞬间。无论是冥想还是打坐，最终归向一处就是坐好，把注意力放在呼吸上，念头不被牵扯，即使偶尔被牵扯也努力把念头拉回当下，如此循环，不断去提高和改善，有朝一日，你就会心如止水，完全放空。

人的心一旦不再为凡事牵挂，就能在平凡的时光里感受美好，在具体的事情上达到修炼。

朋友的女儿在异地上学，学校很好，孩子自理能力也不错，听她经常描述孩子的样子，就是那种非常优秀的“别人家的孩子”。可是，朋友是个凡事操心的人，什么都放不下，每天在家三件事，固定时间和女儿聊视频，不断给女儿发信息叮嘱，然后总问女儿要不要过去陪读。她觉得孩子虽然已经是大一的学生，但是从来没有离开过家，当妈妈的理应在身边照顾她。先生很反对她这样的“直升机妈妈”，希望她不要打扰孩子的生活，给孩子空间和时间去历练和成长，陪伴在孩子身边反而会影响孩子。我们聚在一起的时候也经常对其劝解，让她不要天天牵挂着女儿，孩子已经长大，不再像羽翼未丰的小鸟，要让她自己学会飞翔。经过多方劝说，朋友终于意识到自己对孩子的担忧是多余的，于是把更多的心思放在了自己的爱好上，平时写写书法，跟着我们一起学画国画。自从她把对女儿的牵挂放下以后，反而更加自在，孩子也发现了妈妈的变化，给予了妈妈很多鼓励。

我们每个人都会有所羁绊，有所牵挂，把心放空就会只是静候，只是远观，而不去打扰，不去麻烦，生命如常，自在安享。

空不是无，不是万事不关心，而是给生活留出空间，对生活多一些包容，让生存多些洒脱。心有了空，山水美景就在其中，美好也在其中，生活中的爱与秘密也都在其中。

幸福，是自己的事

经营幸福，是一种能力。

人们常讲人要有正能量，说正能量的话，行正能量的事，那么，什么是正能量呢？真正的正能量不是别人说的“你是最棒的”“你是全世界最好的”，而是你自己活成了一束光源。别人看到你、听到你说话、和你打交道都能感受到被光源照亮。活成了如此境界的人往往就是最幸福的人。所以，幸福是把自己活好，再去影响别人。不能把幸福建立在别人的身上，要向内求，而不是向外求。

比如，生活中我们常见的是，女人会把幸福寄托在男人身上。男人顾家女人会觉得幸福，男人不顾家女人会觉得不幸福；男人一心扑在事业上女人会觉得幸福，男人失业了女人会觉得不幸福；男人全心全意爱着自己女人会觉得幸福，男人心生旁骛女人会觉得不幸福；如此一来，所有的时间和精力都用在了别人身上，没有向内求。如果把幸福寄托在自己身上，情况则正好相反，自己顾家的时候男人往往顾家；自己有一份事业的时候，往往不惧男人是否失业；自爱并且有自己的小天地的时候，往往男人会更加珍惜这样的女子。

比如，父母会把幸福寄托在孩子身上。孩子听话父母觉得幸福，不听话父母觉得不幸福；孩子考高分父母觉得幸福，学习不好父母觉得不幸福；孩子有好工作父母觉得幸福，孩子没有好工作父母觉得不幸福；孩子找了好对象父母觉得幸福，孩子没按父母的心意找了对象父母觉得不幸福。如此一来，孩子成了父母想要揉捏的样子，实现自己心中的模样，结果却往往是背道而驰的。如果父母把幸福寄托在自己身上，那么就要活成孩子可以参照的样子，更多地要求自己而不是要求孩子。给孩子更多的引领而非控制，让父母成为父母的样子，让孩子成为孩子的样子。这样才能在彼此尊重的基础上都收获幸福。

比如，不少人将幸福寄托在事业成功、经济丰厚的基础上。收入高觉得幸福，收入低觉得不幸福；有房有车觉得幸福，住陋室吃简餐觉得不幸福；企业做大做强觉得幸福，小本营生觉得不幸福；知名度高受人瞩目觉得幸福，默默无闻小人物觉得不幸福，结果往往是过分追求外在名利权情而失去了原本平实无华的内在体验，对幸福的追求也变成了舍本逐末。如果把幸福寄托在内心的感受上，无论收入高低，无论有无成就，平凡普通中亦能感受到生活的馈赠和给予，把普通的日子过成了诗。

所以，幸福一定是要寄托在自己身上。某个地方做过一个有奖调查，主题是“谁是最幸福的人”。应征者众，组委会从成千上万个答案中评选出了得票最多的几项，分别是：

第一名：怀抱婴儿的妈妈与小婴儿咿呀对话的状态，这时候妈妈最幸福；

第二名：攻克了一个大的医学难题，治好了一个久疾缠身的病人，看着病人的笑脸，自我感觉欣慰的医生；

第三名：在海边筑起一个沙堡，看着海浪一浪又一浪涌起来，望着自己的杰作微笑的孩子；

第四名：给自己创作了很久终于完结的作品，画上一个心满意足的句号的作家。

排名最靠前的这几个“感觉最幸福的人”，他们的感受都是从自己内心流淌出来的，无关乎金钱、地位、名誉，更多的是他们内心升腾起的满足感，这份满足感就是当下内心的幸福感。

无论我们跟谁在一起，过怎样的生活，选择怎样的事业，最终遇到的都是自己，感受当下的状态也是自己。最终我们会发现，幸福是你一个人的事情，和外界毫无关系。就算身处喧嚣也有无处安放的焦躁，就算身居陋室也有欢声笑语。

当你用笃定的声音告诉自己：我是强大的，外在伤害不了我。当我们有了这个决定，就等于拥有了对情绪的控制权。情绪只跟自己有关，只有自己才须为自己的幸福负责任。当你不去想“是谁谁谁让我情绪不好”的时候，你的心就强大了，就不会受到伤害。

没有人可以真正给予另一个人幸福，真正的幸福其实是我们自己的内在心理健康的结构之一，内在对情绪的控制、对外界的不一样的认知和觉察。

如果幸福是白色的，我们就不要戴着彩色的眼镜去看。每一个感觉不到幸福的人，往往是戴着很多种颜色的眼镜去看原本白色的幸福，都是用自己的心投射外面遇到的事物。当你抬眼看外面的世界的时候，就是看到你心中的样子，你用什么样的颜色看待，外面的世界就是什么颜色。

世界就是一个四维的镜子，我们以为是玻璃，以为观看到的都是外面的世界，可以看见外面的那个人，其实并非如此，我们看到的都是自己，是变了形的自己，是自己内心折射的自己。如果自己能够一心向幸福，幸福自己会来，而不是向外求。当自己是幸福的，无论怎么折射，最终都是一个幸福的样子，而不是变形扭曲的样子。

四、寻找幸福归途，需要怎样修炼这颗真心

发现自己的真心，提升与修炼

心安是归处，找心是每个人必备的功课。

一个人对世界的认知，是建立在自己的见闻、感受、认知与体会的基础上。比如，对于同一份工作，甲认为公司充满了办公室政治，同事之间互相钩心斗角非常难相处，工作是煎熬；乙则认为这家公司很好，不仅能够在不同的交际关系中锻炼自己的沟通能力，还可以学会如何与人交往，工作充满了挑战。再比如，有人认为互联网时代信息泛滥大量时间被碎片化知识占据；而有的人却认为互联网时代是一个人求知最好的时代，无处不在的信息让人坐在屋里能知天下事。又比如，有的人住在 80 平方米的房子里总觉得太小，跟朋友说起也是认为自己房子很小；而朋友却说自己还住在平房里，觉得只要有个 60

平方米的楼房就很知足。

可见，世界就是人的“心”，理解了这一点，我们想要了解这个世界，了解别人，与这个世界和“我”之外的其他人良好互动，就要发现自己的心，然后努力去提升和修炼。有一句话叫：祸福自招，命由心造。为什么这么说呢？

举个例子，假如一个人整天一副全天下都欠他的样子，处处都看不顺眼，凡事计较抱怨，那么他的人际关系一定不和谐，人际关系不好的人情绪也好不到哪里去，日久天长要么没有朋友，要么没有健康。再比如，一个人每天不是抽烟喝酒就是熬夜饥饱不定，这些坏习惯导致的直接后果是身体亮起红灯。好的行为习惯带来好的后果，不好的行为习惯带来不好的后果，这就是祸福自招。

命由心造就更好理解了，好心者好命，心宽者路宽。比如，那些真正的修行大德，他们无非修的是自己的“心”而已。他们追求一种无条件的自由，让外界的一切事物不再扰浊其心，最后达到解脱，用智慧来观照世界。普通人也是同样的道理，如果能够发现自己的心，遇到事情的时候就能多一种看问题的角度，不会钻牛角尖，也不会归责于别人，久而久之会形成一种强大的气场，这种气场就会改变一个人的命运。

所以，幸福的基础和核心在于发现自己的心，进行提升和修炼，最终达到改了心再改命。

如果想让自己获得幸福，那一定要抱定自己能够幸福的决心；要想富裕，就要抱定自己能富裕的心；要快乐就要抱定能够快乐的心。想要变成什么就要去修炼自己的心，做出与之相应的行为。

比如，那些心胸宽广的人，一定不会为日常生活中的小事纠结，不但能够宽容对待别人，也能够宽容地对待自己。在家里，能够对伴侣、孩子表现出耐心，经营一个温暖的家庭；在公司里能够用包容的心胸对待员工、客户和合作商，越包容企业做得越大。

心动什么念，行动就向哪里去，所以心的外在表现大多反映出人的品性。心最主要、最直接的影响并不是对外部他人的影响，而是对自己生命的影响。一个人的命运如何，做事成功与否，生活得是否美满，乃至悲欢离合的遭遇，都是心在作怪。

心性健康，就会散播欢乐和愉悦，同时能够找到规避危险的能力。所以，心的修行到位的人，会把日子过得顺畅，即使遇到挫折也能够自我调整。拥有这种心性的人，能保持一种起码的生活基调，并能由此获得人生的和谐和幸福。

心性若不健康，生命中便会出现各种问题，总是处于不顺畅中，这种人往往过分自利，对人对事常常存有不好的念头，生出不利于自己和他人的念头，容易走入褊狭，自身也会产生很多糟糕的感受，内心也总是阴云密布。这样的人，就是不做什么事，也活得很累、很不开心。

所以，要真正做到修心、修行，修到了，心就会变得超脱，在行为上也就实现了一种自我救赎与保护。这种救赎与保护应该是心安。心安，就是最好的归处；心安，就是这辈子的解脱，也是这辈子的福。

改变，由外而内再及心

学会在关系中，找到那个最真实的自己。

我们很多人认为一个人的改变是由内而外的，其实不然，真正的改变是由外而内的。比如，当你总去做好事就会慢慢变成一个好人，而不是先成为一个好人再去做好事。我们一开始不知道什么样才算好，于是去行好事，帮助别人，慢慢就知道什么是真正的好。一旦明白了真正的好，就可以算得上是一个好人，拥有一颗好心。而这颗好心往往带着更多的福报来回馈于你。

举个最简单的例子，一个处于底层的员工，想成为部门经理，该怎么做呢？如果由内而外去改变的话，就是先反思自省，然后改变认知，最后知道如果当一个部门经理由外而内去改变的话，就要首先模仿部门经理的行为方式，模仿得多了就会影响内在原本的认知，从而学会了如何当一个部门经理。由外而内的改变符合逻辑，因为不是所有的人都能够快速改变认知，没有当过管理者的人，意识里是没有如何当管理者的认知的，即使不断自我反思也很难进步。反过来，如果先由外去做，不断模仿管理者的行为，这个模仿的过程就是在不断建立如何去当一个管理者的认知，这些外在的表现就会影响一个人原本的认知，带来整体能力的提升。

修心的道理也是如此。想要找到自己的心，首先要学会修正自己的行为。其次，通过自己的行为慢慢提升认知。最后达到让“心”和行为趋同一致。与自省相比，由外而内的改变能够帮助一个人重塑形象。在行的过程中，所做的事能折射出真实的自己。就像心理学家说的那样：“我们何以知道自己在想什么呢？只有在看到自己做了什么以后才能知道。”

每个想要修身的人首先要做的是正心。然而，正心的前提须先正身，就是自己的行为、姿势要正，要调整自己的行为习惯，让其进入一种中正自然的状态。其次，内心自然有一种正向的能量涌现出来，配合意念，最终达到一个新的境界。

在先修身再修心方面，有一个值得我们学习的榜样。

日本作家键山秀三郎在《扫除道》一书里讲，他之所以能够带领公司创造辉煌的业绩，是因为一项能力，那就是扫除力，最后扫出了哲学思维，扫出了“道”的高度，扫出了内心的清净与强大。作家讲，从小他的妈妈整天在家里打扫卫生，他在干净整洁的环境中长大，所以不自觉地变成了一个爱打扫卫生的人。等到自己开办公司的时候，60 年如一日，坚持打扫卫生，不但自己亲自打扫，还带动了全公司的员工都把每日清晨打扫卫生当成一个清理自身的过程，所以公司的氛围慢慢发生了改变，每个人的心态发生了变化。前 10 年的时间是他一个人在打扫；10 年之后有一两个员工帮忙；20 年以后大家都体验到了打扫的妙处，开始学习；30 年的时候，作者成立了扫除学习会；40 年以后整个日本把扫除变成了维护治安、提升环境、改变心性等最重要的举措。

这就是扫除道的力量，也是由外而内发生改变的力量。当外在的环境变得洁净整齐以后，内心也会跟着有了秩序感和威严感。据统计，一个干净整洁的商场连小偷都不敢去偷，那样的环境自带威严。

有一个培训中心，来上课的学员很多，人多的时候难免杂乱。最后主持人提出一个办法，每个学员要将自己一米之内的范围打扫干净，不要给别人添麻烦。每个人都会随身携带一个干净的抹布，将自己的周围打扫得干净整洁，用过的、坐过的、接触过的都亲自拿去清洗。用餐区同样如此，要求每个人吃完饭后排队把自己的餐具清理干净，然后整整齐齐地放回收纳盒里，有专人来把收纳盒取走放回固定的地方。整个培训中心非常整洁有序，并没有雇保洁人员，也不存在集中清洁和大扫除这一说。每天每个人都清理得很到位，他们都知道自己的那一米范围需要自己负责，人人平等，都从自我整理的过程中学会了谦卑与体谅、理解与尊重。最后，学员们通过这样的外在行为，学会了打开自己的心。

当人们能够觉察到空间里的东西是否到位，就能学会觉察自己的情绪是不是到位，就能觉察到自己的每个念头。如果每个起心动念都能够觉察到，是个非常好的修为，也是个非常强大的“修心”练习。自己的心起贪念了，起嗔怒了，起分别心了等，这些不好的心如果能提前觉察，就会管理自己的心。

所以，练习觉察，是修正自己的那颗心最好的方法。先修正自己的行为习惯，由外而内去改变，用习惯带动习性，用习性造就心性。

其实外在的一切都是自己的“心”。家是自己的“心”，如果家能收拾好，心就不乱了。配偶也是自己的“心”，如果能够用对待自己的方式去对待另一半，婚姻家庭就和睦幸福了。孩子也是自己的

“心”，如果能够用爱的眼光和不苛责的状态去引导和帮助孩子，孩子就会收获更多的能量和快乐。己所不欲，勿施于人，这就是修心最核心的要素。

行为影响一个人的“心”，比如那些修行的人，在没有证悟的时候，他们就在做一些有益的行为，禅修的行为，比如做善事结善缘，慢慢让心灵得到熏染和净化。在利好行为的影响下，慢慢感觉自己遇事通达了，对人宽容了，独立安静清凉了，这就是先从外在行为上努力慢慢改变了心的结果。

所以，从外在行为、语言、习惯上开始，由外去改变，然后达到内在的提升，二者相互作用，相互影响，相互增进。

有多少心量，就有多少能量

觉知心世界，领略新世界。

人与人之间的最大差异是来自从客观世界获得认知的能力，以及由这种能力产生的心智模式。一位智人说过，人生的一切祝福与得失，只不过是生命能量根据能量守恒原理进行转换的一种现象。说得更直白些，能量是由一个人的心量决定的。有多少心量就有多少能量。

当一个人充满欢喜心、慈悲心、包容心的时候，时空的能量会源源不断地流入你的身体；当你打开智慧之门，内心充满欢喜的时候，你获得的能量将超乎你的想象。反之，当你内心充满怨恨、恐惧、无奈、嫉妒、烦恼的时候，你的能量会迅速流失，加速衰老与死亡，尤其是恐惧，它会让你的能量处于负面状态，对身体的健康一定没有帮助。知道了这个秘密，你该知道如何让身体健康、保持高能量状态了吧？做到这一切的前提必须是发自内心的，绝对不能是装出来的，虚荣心也是极为消耗你的能量的。

有一位德高望重的老中医，接近 90 岁高龄依然门庭若市，找其看病的人络绎不绝，各大医院争相让其出诊。很多接触过他的人都有一个共同的体会，治好他们疾病的不是老中医有多高明的手段和药方，而是老中医这个人自身具备一定的心理疗愈能力，他往往能通过倾听病人的述说，来洞察对方的心理状态。很多人慕名而来，每个病人带着不同的诉求去见老中医，病人到他那里，不用吃药都能好三分。为什么？因为老中医讲话和气，几句话就能说到病人心坎里，每个人都能在他身上感受到祥和放松的能量。人们私下里打听老中医的身份，才知道老中医当了近 70 年的中医，从最初的治人身体上的疾病慢慢总结出心病最难治，于是开始研究人的心理，如果一个人心门打开，情绪就会变得和顺，疾病也会绕道而行。老中医无论面对什么样的病人，什么样的疑难杂症者，都是先从病人的心理入手，晓之以理，动之以情，并用自己充满慈善祥和的语调给病人先解决“心病”再解决身病。

所以，每个人想要健康、幸福的生活，就要由内而外去提升自己，只有心理健康才会有身体健康。

作为普通人，做任何事首先要关注自己的心，不要被事情本身控制了心的状态。一个人如果能够做到不胡思乱想，就不会产生慌乱心，内心就会更加平静祥和。平静祥和就是智慧，当一个人能够遇事从容不迫，淡定处之，把浮躁的心降下来，日久天长心量就变了，生命状态也就变了。所以，要学会不胡思乱想，不瞻前顾后，不计较，面对当下，事情来了就应对它，做完之后不管结局如何不牵挂。这样慢慢培养起来的心就会专一、平静，不会太过执着，反而能够感受到轻松。

整个生命的过程就是能量的获取与释放的过程。除了从饮食中获取能量外，其实很多人不知道我们还需要从虚空中获取能量，这个能量的获取其实说起来也很简单，就是虚、静二字而已。

老子讲：致虚极，守静笃；万物并作，吾以观其复。“致虚极，守静笃”是道家提倡的一种最高境界。

致虚极，很好理解。虚到极点是什么？虚到极点，是什么都没有，就跟我们理解空一样，什么都没有。什么都没有指的是放空自己的内心，意味着可以接纳任何事情。强调把自身对世界认知的主观意识去掉，达到空和虚的状态，才能够接受足够多的信息用以分析事物变化的真正规律。

守静笃，这个静笃，是定的意思。如果你能守静到极致，也一定能定。生活中处事不惊，是一种定；禅定，是一种定；面对大事，泰然处之，也是一种定。守住自己对世界本原规律求索的初心，保持笃定，不受外界负面因素干扰，才能求得真正的“道”。只要做到笃定地对待任何事，就能自然地静下心来处理任何事。水静下来才会清澈，才能映照世界。人心也是如此，只有人心静了，人才能真正做生活的主人，细细品味生活。而慢是静的前提。静能克服人身上的烦躁、焦躁、急躁。一个“静”的人与一个“躁”的人在一起，必然处处占优势，占上风。静，可以让我们更全面、深入地思考问题。

这世间的一切原本都是虚空而宁静的。达到虚空无物的极点，外无所见，内无所思，凝神内守，坚定不移。即在世界观上能够认清世间万物的本质，在人生观上做到清心寡欲，在思想上坚定信念，在做事时排除外界的干扰。

很多人都有这种体验，尤其是有过冥想体验的人，这种感受会更深刻。哪怕身心很累，只要闭上眼睛，把心放空，调息一下让自己进入“虚空”状态几分钟，生命就会重新充满能量。在做事的时候，也要训练自己，让自己的内心进入虚静的状态，不执着过程，也不贪求结果，一边专注当下去做，一边做好随时应对变化的准备。不要被外在的繁杂和变化卷进去，不要渴望永恒不变的东西，也不要害怕事物在变化，因为你渴望也好，害怕也好，该变的时候，它都一定会变。所以，不如让自己安住在虚静的状态之中，享受生命最美好的礼物。

当保持一种虚静的心态的时候，心量就源源不断地释放了出来，自身的能量也就提升了。

以人为镜，反求诸己

跳出来，看自己！

有的人在经历挫折与坎坷时就会抱怨命运不济，那些一辈子受了很多苦的人，反而很容易看开。一个人没有经过痛苦的洗礼，是不会珍惜自己的生命、健康的宝贵的，更不会懂得如何通过自身的修为来提升觉察和心智。所以，经受坎坷和挫折不见得不好，有时候逆境越多，成就越大，只有秉持这样的观点，才能使心更通透豁达，而不是去埋怨命运、埋怨人生。古罗马哲学家认为逆境启迪智慧，他把对苦难的认识看作觉悟的起点。孔子也说过一句话："见贤思齐，见不贤而内自省也。"理解挫折，感恩坎坷，也是修"心"的关键，把苦难当成修为的基础，就是自省的一种。

挫折和坎坷是成就我们的礼物，这个礼物能够自觉，能够开悟。不要把当下所受的苦，比如工作的苦，婚姻的苦，经济的苦，疾病的苦当成真正的苦，这些苦恰恰是来成就自己的。只有经受过痛苦挫折的磨炼，动心忍性，才能更深入地去理解人生。

苦就像爬山，每经过一段坡路，就会气喘吁吁，可是等到了山顶的时候，却可以看到漂亮的风景。

在成长过程中，有三个方面的痛苦与挫折。第一个方面是环境和他人制造的痛苦。第二个方面是亲朋好友制造的痛苦。第三个方面是自己给自己造成的痛苦。它们是递进的，他人制造的苦不太痛，最多会让人感到困扰和无助；亲人朋友制造的苦比较痛，因为来自至亲至爱的人之间的矛盾和纠纷会让人非常难以接受；最最痛苦的是自己给自己制造的痛，要么绝望到没有任何反抗之力，要么绝地而后生，痛定思痛转而升华。

小雪是个单亲妈妈，是一个“宁为玉碎，不为瓦全”的人，面对丈夫的背叛，她只选择了要孩子，其他一切不要，甚至丈夫提出给抚养费也让倔强的小雪拒绝了。小雪带着对前夫深深的恨离开了一起建造起来十几年的家，带着孩子租房居住。她把孩子寄托在“小饭桌”，每天下班之后接孩子回家，把所有的精力都用在教育孩子上。最初小雪有些走不出来，回顾与前夫的种种美好回忆，她不知道问题出在了哪里，才会导致丈夫选择背叛家庭。在两个人协议离婚的那天，她听到丈夫说过“你是被宠坏的公主，脾气太坏没有哪个男人能受得了你”。这句话在小雪看来像一记响雷在她耳边炸开，之前她从来没有觉得自己脾气有什么不好，也从来没有人这么直白地告诉自己。当她听到丈夫这么说的时候，她并不服气，她认为是丈夫在为自己犯下的错推卸责任。当婚姻遭遇搁浅的时候，小雪也渐渐开始自省，是不是自己真的像前夫说的那样是脾气又臭又坏的公主？是不是自己也有太多的错误才使得他选择在别人那里寻找安慰而背叛婚姻？是不是自己的不理解和缺乏关爱才使得前夫离婚时那么决绝？当小雪开始自我发问的时候，也正是她把心打开的时候。之前感觉眼前一片黑暗的小雪，心里渐渐透进了光亮，她选择了原谅，是前夫让自己认清了自己的脾气，是家庭的解体让自己学会了独自承担，自己要放爱一条生路而不是和前夫弄得鱼死网破；她选择了感恩，感恩前夫给自己那些美好的回忆，感恩自己可以在挫折中成长，感恩身边有孩子的陪伴。后来，她发现工作和孩子能够兼顾，她一个人应付生活游刃有余，多苦多累也不再抱怨。她觉得身边没有了谁自己都能活得好好的，学会了什么时候都要有让自己幸福的能力。

生活的路是自己走出来的，遇到挫折或坎坷的时候，不要推卸责任和抱怨，而是反求诸己，寻找自己的原因和不足，然后加以修正和弥补。这个过程也是一个“明心见性”的过程。

如果自己不去自我改变，那么坎坷一定会越来越多。

反求诸己可能达到的境界，就像某个教堂墓碑上的碑文所载的那样：当我年轻的时候，我梦想改变这个世界；当我成熟以后，我发现我不能够改变这个世界，我将目光缩短了些，决定只改变我的国家；当我进入暮年以后，我发现我不能够改变我的国家，我的最后愿望仅仅是改变一下我的家庭，但是，这也不可能。当我现在躺在床上，行将就木时，我突然意识到：如果一开始我仅仅去改变我自己，然后，我可能改变我的家庭；在家人的帮助和鼓励下，我可能为国家做一些事情；然后，谁知道呢？我甚至可能改变这个世界。

为什么要反求诸己？是因为这是改善自身境遇的前提条件，也是打开心门最直接的钥匙。假若我们将注意力放在外部因素上，不反思自身的原因，只能使事情变得更糟，无益于境遇的改善。只有当一个人站在客观的角度，冷静深入地分析自身原因后，才会发现，所谓的外部原因，多数都和我们自己息息相关。

反求诸己也是跳出自己看自己的过程，当一个人陷在自己的思维里的时候很难做出客观的评价。当自己以另外一个身份反过来看自己的时候，就能看到不足与缺陷，然后才能正确地评价自己，从而达到知行合一。

所以，要想摆脱人生困境，先从自身找原因。你真的对身外发生的一切都没有责任吗？当别人给自己带来痛苦的时候跟自己无关吗？当自己给自己制造痛苦的时候果真放不下吗？多反思一下自己的过失，或许会收获得更多。

五、幸福，需要具备哪些能力

和谐稳定的家庭管理能力

家和万事兴，人最大的成功就是家庭幸福！

家对于社会来说是最小的单位，也是最核心的单位，国是千万家，每一个家庭的和谐幸福才能让国更强大、更和谐。在家庭这个单位里，每一个人又是核心的要素，自己幸福能带给家庭成员幸福，反之，如果自己不幸福，又如何提升家庭管理能力，让整个家庭幸福呢？

古人留下的训言有修身、齐家、治国、平天下。一个人自身和谐才是家庭和谐的前提，家和万事兴，国运才昌盛，所以最后都要落到个人的自我调整和修为上来。也就是说，家庭的幸福与否很多时候取决于个人是否能够幸福，是否能够明心见性，是否能够擅于与人相处、宽宥别人，是否能够利他，而不是强调金钱的多少，物质的多少，名望的高低。

很多人把自己的成功定义为赚多少钱，在社会上有多高的名望与地位。试想，如果一个人功成名就，却连一个安心的地方都没有，算成功吗？如果拼命打拼赚钱立业，最后家人之间互相算计，彼此伤害，没有真心，这又怎么能算是成功呢？如果物质条件丰厚却没有一个美满的家，又怎么能叫成功呢？

所以，如果没有了家人，那么赚来的钱给谁花？你的幸福与快乐又与谁共享？一个人真正的成功就是让家庭幸福，一个人能把家庭管理得井井有条，才是最大的本事。

一个家庭乃至家族的幸福标准从哪些方面看呢？首先是夫妻相处之道，其次是亲友相处之道，最后是家族成员之间的互相影响与传承。我们一一来看。

夫妻相处之道

夫妻之间的关系非常不容易处理好，那些轻易离婚的、那些彼此老死不相往来的、那些反目成仇的，都始于最亲密的夫妻关系。再者，夫妻关系就是“阴阳”关系，彼此互相支持达到平衡，否则就会出现“阴盛阳衰”或“阳盛阴衰”。阴阳一旦失衡，家庭就不会和谐。阴阳，代表男女。阴阳也代表天地，阳为天，阴为地。在家庭这片天地里，伦常关系就叫天地阴阳。日代表阳，月代表阴，日月合在一起为“明”，如果阴阳不合就不明。所以，夫妻阴阳和合才能明。这就是夫妻之道。

《易经》中讲：“二人同心，其利断金。”夫妻是最深远的修行，家是极好的道场。

那么，如何才能做到像《易经》所讲的这样的境界呢？就是要提升修为，找到真心，知道自己的责任，活在当下，而不是把所有的问题、责任推给对方，自己变了对方就变了，自己明朗了世界就明朗了。这就是真正的夫妻相处之道。

亲友相处之道

亲友仅次于父子夫妻关系，是维系整个家族和血缘关系的重要关系，所以，处理好这些关系需要具备家庭管理能力。比如婆媳关系的好坏对人幸福的体验有着直接的影响。所以能把亲友关系相处和谐也是一门很深的学问，这门学问的基础是放下“自我”，遵循传统文化，要有仁义礼智信。

仁，亲戚朋友相处要有仁爱之心，要珍惜一家人的血缘亲情，尽量做到和睦相处，有事能够互相体谅帮助；当亲友遇到困难时，要主动给予救济和帮助，让他们不因困难而心生畏惧，切实感受到来自亲友的关爱。

义，亲戚朋友之间也要讲规则、讲原则，不能因为是亲友就无原则、无底线，能够给身边的亲戚朋友指出一些错误，利于其改进，这才显出亲情的价值；不但要施与物，更要施与爱和尊重，要多说尊重他们的话，让他们感受到自身的价值，这是一种更有价值的相处之道。

礼，亲朋好友之间要互相尊重。只有先学会尊重亲朋好友，才能推而及人；有什么利益要与亲友共享，而不是自己多贪多占不顾别人，如此不但亲友反目，甚至会有更大的误会和矛盾产生。

智，亲人朋友之间要明辨是非，有底线，不能因为是亲戚就不讲道理；不只在生活中，还要在观念上帮助亲友，让他们提升认知改变观念。

信，亲人朋友之间要讲信用，守信用，如果能够在最亲的人面前讲信用，讲原则，那么对其他人也能够做到守信用讲原则。无论朋友、亲戚，大家来往最要紧的就是要讲诚信，所谓“人无信不立”。

如果你常常讲谎话骗人，做事不靠谱，即使是亲友关系也不可能长久。很多时候家庭亲友之间相处不睦往往是自己做得不好，要从自身做起，改变自己才能影响别人，而不能期待别人先去改变。这样才能使得亲友关系相处得更健康和谐，才会让整个家庭和亲友之间都收获更多的喜悦和幸福。

家族成员的互相影响与传承

家庭管理能力不仅仅体现在当下家庭是否幸福，还体现在未来能带给孩子以及其他成员什么样的影响，并且能够将这份影响传承下去。比如，市面上看到的《朱子格言》《曾国藩家书》《颜氏家训》等书籍，无不是家庭传承的典范。好的家道家风会历久不衰，不好的家道家风会败在子孙手里。

家风的好坏甚至直接影响了后代在社会上的发展，当一个人有了良好的家族做背书，那么在社会上也会受人尊重。比如，钟南山院士之所以被人们奉为最敢讲真话、最有良心的人，是因为他受了父亲的影响，传承了家族的文化与传统，他在一个医疗世家成长起来，医德医术早已融入他的生命中。他父亲曾说过，一个人活在世上就要留下一些有意义的东西。钟南山做到了医者心，父母心，所以成了感动中国十大人物之一，让无数人敬仰。同样的道理，如果一个人家风不好，那么走上社会也会给他带来不好的影响。

所以，一个好的家庭和家族需要有可供传承的家风，有可以影响家族成员的有意义的事情，让每个人都能在家庭里得到幸福，在家族中感受力量和精神。另外，当一个家庭和家族能够给每个成员正确的价值观时，就会让每一个家庭成员成为一个哪怕很普通但却能够拥有幸福力的人。每个家庭成员如果能够观照自己的心就不会被外物所牵，不会在乎是否赢在起跑线上，也不会与人一争高下，幸福不是比谁跑得早、跑得快，而是比谁站得更高、看得更远，心胸能够打开得更广。

如果一个人从小具备了幸福的能力，知道幸福是一种内在心的成熟与圆满，而不是来自外在。那么，他在成长的过程中，就不会受名利所扰，不会过分追求身外的东西而搅扰了自己原本的清静自足，感受幸福的心态。

作家马伯庸说：一个家族的传承，就像是一件上好的古董。它历经许多人的呵护与打磨，在漫长时光中悄无声息地积淀，慢慢地，这传承也如同古玩一样，会裹着一层幽邃圆熟的包浆，沉静温润，散发着古老的气息。古董有形，传承无质，它看不见、摸不到，却渗到家族每一个后代的骨血中，成为家族成员之间的精神纽带，甚至成为他们的性格乃至命运的一部分。家教和门风，是中华文化的缩影，更是一个家庭最宝贵的财富。

不断成长的教育子女能力

孩子的降临是为了唤醒家长的心性，请家长重新再陪自己（孩子就是自己）成长一次吧！

真正的教育是心对心的传递，是父母先有修为再去影响孩子的过程。对于觉悟的家长来讲，会把教育孩子当成是一次自我成长，父母会认为把自己教育好了，孩子才能好，孩子只是美好的父母的反映，他自然会变好。“自我学习”和“自我教育”，是真正有意义和起作用的。

在家庭中，爸爸妈妈怎样才能给孩子最好的家庭教育呢？这个问题值得我们去思考。

在家里母亲是家庭的轴心，父母是家庭的根基。孩子依恋母亲，母亲影响孩子，孩子的性格受母亲的影响比较大。丈夫关爱妻子，妻子疼爱丈夫，夫妻关系和顺就是教育孩子最好的榜样。

现实中，没有格局的父母很难有承压力，生活中一旦遇到压力会心生抱怨，甚至责骂孩子，家里整天充满火药味儿。这样的家庭就没有什么凝聚力，抱怨多了，会让人想逃，被责骂得多了，孩子想跑。没有格局的父母很难有包容力，生活中不会关爱家人，总是一人独大或者让妻子变成“丧偶式育儿”，这样的家又如何温暖，又会给孩子怎样的影响呢?

所以，当父母成为一个有修为的人，知道自己的心在哪里，才能够给孩子正确的影响和教育。

很多时候家庭教育出现问题，家长出现困惑，并不是孩子有了问题，而是家长有了问题。有人把家长比喻为“头脑”，孩子比喻为“心”，当家庭教育出现问题时，那是“头脑”出了问题，其实，孩子这颗“心”一直健康。当父母的角度、判定、理念出现了偏差，就会造成一些问题投射在孩子身上，把一块美玉看成了充满各种问题的石头。恐惧的父母就会遇到问题小孩，父母越恐惧，孩子的问题越多。因为恐惧会让父母对孩子掌控多于顺其自然，最根本的问题还是在于父母的内心不够强大，缺乏安全感，容易受外界影响，而不能用正确的方式面对孩子。

把心打开的父母，会尊重孩子的整体性，会把孩子视为一个独立的生命体来教育和引导，而不会把孩子单单看成是自己的附属品。不会假借“全是为你好”来错误地爱孩子，并且对孩子这个独立的个体产生生命的敬畏意识。

这种敬畏心从哪些方面去体现呢？

首先，要尊重孩子的天性。比如有的孩子自带绘画的天赋、唱歌的天赋，尊重这种天赋就是尊重孩子的能量，而不要强行让孩子去做不喜欢做的事。尊重不善言辞不爱交流的孩子，每个不太爱讲话的孩子或许内心有更多大人没有发现的能量，比如爱因斯坦小时候并不是一个聪明过人的孩子，反之恰恰被多数人认为智力不够，但他的一生却是充满了传奇，充满了能量的，他不仅仅是伟大的物理学家，还是心怀大爱的倡导人类和平的反战者。所以，孩子的类型、性格、状态，都是自然而然的，父母不需要去人为地改造和按照自己的喜好去规划。喜欢创造的孩子让他们去创造好了，喜欢艺术的孩子让他们走艺术道路好了，喜欢钻研的孩子让他们去钻研好了，把自主权交给孩子，就是父母放下内心恐惧最好的表现。当父母能够用一颗静如止水的心来看待孩子这个完整的生命体的时候，就不会出现在起跑线上抢跑，就不会去“跟风”，就不会因为孩子成绩不太理想而惶惶不可终日。

其次，不苛求孩子。对孩子的要求不能太高，不能拿着鞭子逼迫孩子成为钢琴家或画家，无论是读书也好，工作也罢，都不要要求太高，更不能与别人去攀比。每个生命体都不同，幸福的感受力也不同，不一定学习好的A就会比学习不太好的B幸福感更强。父母重视孩子的学业和前途无可厚非，但更应注意孩子内心的成长。会读书的小孩，不一定会生活，也有很多案例显示，学习好的孩子也会无法处理挫折，不能够和别人和平相处等。大人要用全面和长远的眼光看待孩子的成长，不要以单一的某一件事来评价一个人，孩子学习好、工作赚钱多就觉得孩子称心如意，反之就觉得孩子不如别人。要知道，每个人都是优秀的，都有善良的品格。孩子学习成绩差，也不要给他太大压力，培养孩子的学习兴趣更重要。

最后，不贪爱孩子。什么是贪爱呢？就是自以为是的爱，是为了满足自己的欲望的爱，而不懂得站在对方的立场上感受和爱护对方，这样的爱往往会带来痛苦。比如，常听父母对孩子说“我为你付出了这么多，你为什么这么不听话？我为你操碎了心，你为什么就这个样子呢？我这么做不就是为了你好，你咋就像个白眼狼呢？”等这样的话。这样一来，孩子感受到的不是全心全意的爱，而是道德和情感的绑架。这样会让孩子从小觉得没有幸福的空间，所有的一切必须建立在父母的期待之上。同时，孩子不敢有自己的想法，怕父母因为自己的原因导致嗔怒或说他不孝之类的批判，如此，孩子会慢慢失去自我。再比如，父母的眼中只看到别人家孩子的长处，看不到自己孩子的优点，也是一种贪爱，贪求别人的好，不知足自己所拥有的。而这种贪爱往往会让孩子自我放弃。与贪爱相对应的则是清净的爱，也就是现在人们常说的具备同理心的爱，己所不欲，勿施于人，尤其对孩子的教育，当父母觉得这个感受不是舒服的，觉得这个观点不是自己能够接受的，就不要在孩子身上重演。因为每个人的感受都差不多，如果父母能够做到换位思考，多些同理心，孩子感受到的就是清净的爱，被接纳和尊重的爱。越清净的爱越容易互相体谅和给予空间成长，也能让彼此能够免除互相控制和反抗的可能，人与人之间的关系基础是尊重，是平等相待、安宁和幸福。

当父母能够做到不断地自我成长，他们就会时时观照自己的心是不是有所偏离，他们也会时时观照孩子是否感受到来自父母的爱和尊重。

合格的父母是会爱的父母，他们给予孩子的爱的关注点不是衣食无忧的生活，不是无条件的各种满足，也不是报了多少昂贵的才艺辅导班，更不是买天价学区房，而是能够倾听孩子的心声，能够通过自己的心走向孩子的心。

为人谋福的管理能力

管理的最高境界是管理人心，所以首先要找到自己的心。

管理能力是一个非常宽泛的领域，真正的管理能力不仅仅体现在公司里。往大的方面看，企业事业各行各业都需要强大的管理能力和工作能力。如果缺乏这种能力，关键时刻不但起不到带头作用，还会拖后腿、办错事、造成损失等。

管理者，首先要管好自己、管住自己。其次，他要承担他必须承担的责任。只要在社会上有一个角色，他就会承担责任，一旦承担责任就涉及管理了。所以，从一个家庭作坊的小创业者到管理一个几千人的大公司，管理者是一个非常重要的角色，管理别人首先是管理自己。

找到心的人，内在会有一股力量，促使管理者可以做到自觉觉他，自利利人，在管理上能够做到自我完善，同时能够做到在其位谋其政，为人谋福为己负责，会用正向的思维理念对人对事，对待企业生存发展，实现企业与大环境的和谐共存。表现在实际状态中就是能够负责任，不做让人失望的事，不做不符合正向价值观的事，也不做违背公序良俗的事。这样才能体现出真正的管理品格和能力，也能生发出真正的信仰和价值观。在追求企业利润最大化的时候，能把个人的道德、修养放在第一位。如果没有正确的价值观和信仰，很多原本正向的次序会被打乱，错把贪婪当理想，把欲望当进取，为了利益不顾良心，为了金钱不顾道德。

管理的过程是一个修行的过程。“修己”自然能“治人”，推而广之才能治好一个公司，惠及国家整个生态环境。管理者必须先从内观照自己的本心，进行自我修养，内心达到一定的高度和境界，才能进一步去管理企业和员工。《大学》所言，修身、治国、平天下，放在首位的是先修自身。管理者首先要提高自己的道德与人文素养，以高尚的德行教化感染他人，使之共同走向善道。

说到底，管理能力是一个为人谋福的能力，要以博大的胸怀为出发点，不为自己而为众生，带着“无我”的状态去办事。管理者只有追求无我的状态才能汇聚资源。如今的社会是信息透明化的时代，一个人是善是恶，是心怀大爱还是心有不仁，人们都能看得一清二楚。做人做事要有一颗善心，本着真诚合作共享互赢的利他心态，这样为人处世朋友就会聚拢，如此经营企业，企业才会发展得更加顺利。

其实，大多数人们追求的幸福无非是通过利他实现最高境界的利己，实现了真正意义上的心安理得。人处于世，不就为了“心安”二字吗？

人生是如此，做企业是如此，做管理同样也是这个道理。如果头脑中不存有利他思维，最终都不能善终，更何谈幸福呢？

管理者经营一个企业赚钱是目的，为他人谋福更应该是重中之重。李嘉诚说过：“有能力的人要为人类谋幸福，这是任务。历史中有很多具有创意、有抱负的人和群体，同心合力，在追求无我中，推动社会改革进步。天地之间有一不可衡量、永恒价值的元素，只有具有使命感的人才能享有的。”我理解的这种使命感即是为他人谋福的胸怀。只有为人谋福，才会汇聚福报，这种福报既是给别人的也是给自己的。

真正的管理能力体现在哪些方面呢？

首先，管理的最终目标是管理人心。

企业发展到一定的规模，也是一个需要“致虚极，守静笃”的过程。大企业人才济济，提出意见和建议的人很多，这就需要企业的最高决策人做到笃静致虚。让内心保持宁静的人，才是最有力量的人。当一个有力量的管理者，一定会在管理上注重管心，而不是用制度去约束。

有句古训：人心齐、泰山移。管理也是如此。当一个管理者能够调动全部员工的“心”，就等于调动了每个人的潜能力，所有的能力聚集在一起，一定所向披靡。因为，每一个人都是靠着自己内在的信仰而活着。企业也是一样，管理者要给每一个员工一个积极正念的力量，共同拥有一个使命和价值观、愿景，能让员工从心底重视这份使命和价值观，当大家都一致捍卫这份价值，就做到了管心。

其次，管理能力体现在盈利能力。

盈利的企业首先是解决了生存问题的企业，然后才能谈发展。而且盈利能力也是衡量一个企业关键时候能够释放多大能量的企业。格力总裁董明珠曾说，有钱的企业遇到国家有难就要多捐款。这个观点的背后就是企业盈利能力在做支撑。如果没有盈利能力，又没有大善大爱的这份心力，怎么能够帮助别人渡过难关呢？所以，盈利的企业不但解决了员工的生存问题，同时能够积极回馈社会。

再次，一个好的企业是与自然和谐共生的。环保不是一句口号，更不是借环保概念大行“假环保”之实，这样的企业肯定不会长久。环境保护是每个企业都必须要牢记并积极倡导和实践的精神。因为人是社会的细胞，一个细胞无法去改变一个机体，但是可以影响一个机体的发展。如果人人杜绝不良商家做出不良的产品，互相监督就不会陷入互害模式。社会上就不会产生那么多诸如地沟油、毒豆芽、添加剂超标的商品。每个人从自己做起，让良心企业和良心产品回馈社会，形成向善的风气才是一个正能量的社会。

另外，企业管理者要深谙种什么种子结什么果的道理。不论做人、做事、做企业，种什么因结什么果是一个颠扑不破的真理。古训有“积善之家必有余庆，积不善之家必有余殃”的思想，《道德经》中也提及“祸兮，福之所倚；福兮，祸之所伏”的善恶因果转化思想，都可以归结为因果。比如，那些发财有福报的人，这个果一定是有别人看不到的因；比如那些婚姻幸福的人，一定是背后用心经营婚姻做支撑；比如那些口碑非常好的公司，一定是在用心经营企业。你不去做，就想有收获，怎么可能呢？先要有因，才能有果，这是一条真理。比如，一个倡导善心善行、健康环保为人带来福利健康的企业，这个目标本身就是一种善因，那么一定会得到善果。如果企业经营者和管理者心怀不仁，就想赚快钱，不顾后果，违背自然规律做不符合人类正向价值观的事，企业一定不会长久发展，而且还会带来更多的负面影响。起心动念不想着害人，心存善念就能做善事，善事做多了就会收到很多好的结果。一个人正能量多，身边的气场就强大，就会聚积起很多机会和缘分。这就是因果，先种因再想果。

最后，融合传统文化的智慧于企业管理中。

企业若想做大做强，一是要注重企业伦理。企业伦理是忠诚和守信。守信才能忠诚，忠诚必守信。也只有忠诚才能换来信任。说具体一点，企业要有忠诚的投资者，产品（商品）要有忠诚的顾客，工作要有忠诚的员工。二是情义。我们生活在一个三维世界之中。客观世界讲理，人文世界讲义，内心世界讲情。作为企业经营者，要理性地看待利和义，利是有限的，义是无限的；利以义取，不见利忘义。三是利他。宁肯自己吃亏，决不亏待顾客。从长远来看，你决不会吃亏。也许一时减少了利润，但你赢得了顾客，最终还是会得利的。你的利益和顾客的利益一致，你就会成功，利他是最大的利己。顺着自利利他的思路向前发展，不仅是一种信仰形态，而且是一种独特的极其具有普世价值的文化形态，一种和谐、和合的生活方法。

再回到前面，当一个管理者先从自己做起，要知道自己是谁，安住当下，懂得为自己做好，就会懂得为家人、社会、国家和世界做好。如果一个人没有做好自己，能力越大越容易给别人添乱，给社会和国家添乱。所以，一个管理者首先是一个善人、好人、有正向价值观的人；其次是不做坏事，不起坏心，守节守本分，有好形象，才能更好地带领别人，管理别人。

顾全大局的社会能力

顾全大局就是心心相通，通则达，达则兼济天下。

现在有一个共识，即一个人最大的能力是让人放心。一个靠谱的人，才能拥有“让人放心”的能力，而这种能力是一种游刃有余的社会能力，也是一种能够化险为夷、顾全大局的社会能力，只有拥有了它，人生之路才能越走越宽、越走越顺畅。

一个人的社会能力往往来自他的“心性”，心性修炼得好，情商、智商、逆商、与朋友相处以及学习和掌握一技之长、做公益或者是爱心行动等各方面都会得到提升。心性就是“道”，就是根本。中国的古圣先贤极其注重人的心性修炼，孔子说：“君子不器”“君子谋道不谋食，君子忧道不忧贫”，意思是说君子一旦成为一个“器物”就变得脆弱了。比如，一个人认定自己就是一个打工的，其他干不了，就脆弱了，一旦公司倒闭自己就没有办法了。一个人一旦认定自己没有本事，也许就真的自我设限了。所以说，作为一个具备社会能力的人，不要把自己当成某个“物”，人不但具备工具性，还得要有人性，这才是一个完备的人。荀子说：“从道不从君，从义不从父，人文大行也。”意思是说，顺从正道而不顺从君主，顺从道义而不顺从父亲，这是做人的最高准则，其中包含的也是一个人的心性的力量，只有具备心性的人才能坚持正义和价值观而不是顺从权贵，遵从符合道义的事而不是唯亲是从。心性等于现在人们都讲的格局，心性高，格局则大，当一个人具有足够大的格局时，再大的问题都有办法解决，为人处世也会越来越顺畅。会处事的人，才能游刃在这个形形色色的社会。这样的人不光有着极强的社交能力，还有着超高的工作能力，同时能够具备极广的社交圈，家庭也会更加幸福。为人处世，小到家庭琐事邻里之间，大到职场周旋公共事务，无不考验着一个人的为人处世的社会能力。

拥有社会能力的人，不会做出格的事，对于别人做出格的事情也能有准确判断。比如马云曾说自己发现马路上有个下水道井盖丢失，他怕有人掉进去有危险，虽然势单力薄，但依然敢于怒喝偷井盖的人。这就是一种社会能力，这种能力叫大义凛然。

社会能力是一种顾全大局的格局和心性，是一种能够处理突发事件的本能。为人处世，需要我们处理的事情有很多，而也正是在其中能够彰显一个人到底是什么样的品性。有格局的人不是不会遇到糟糕的事情，而是有能力将糟糕的程度降到最低。

找到真心的人，除了具备应对突发事件的能力之外，还有超出别人的心量格局。比如，很多人会在钱上计较，生活中最难度的关就是钱关。当一个人找到真心所在，了悟钱来到人间的真正使命就打开了心量和格局。心量格局大的人，与朋友聚会，常掏钱请客。对于一个非常小气的人来说，把自己身上的钱掏出来，是非常有难度的。从一个人花钱的大方程度就可以看出一个人的心量格局。

心量格局大的人，首先是能够不被钱所困扰的人。一旦把钱看得很淡，他们就会真正去践行“穷则独善其身，达则兼济天下”的理念，会把钱用来做慈善，会帮助需要帮助的人。比如演员袁立，她时刻关心尘肺病患者，四处奔走募捐带给别人帮助和希望。

心量格局大的人，也会有伟大的情怀和品格。比如，林肯在担任律师的时候，曾有人请他为一宗诉讼案中明显理亏的一方做辩护。林肯断然拒绝了，理由是如果自己出庭陈词，为这位理亏者辩护，那么他的内心会高喊：林肯，你是个说谎者。当一个人过着虚伪的生活，戴着虚假的面具与人做着不正当的交易时，他将每时每刻都受到自己良知的谴责。他的良知会不断地拷问他的灵魂，责骂他是个欺骗者、是个不诚实的人。这种败坏品格、引导人们走向歧途的事情，千万不要去做，因为那样会削弱人的力量，葬送人的自尊和良知。

当一个人具备了心性、格局、心理能量的时候，也就是打开心门找到真心的时候，这个人无论待人接物还是处事方式，都会表现出不同的态度，这种态度让人信服、让人尊重，这种态度一定是顾全大局而不会给人带来麻烦的。

赚钱守财的保富能力

前面我们讲，难以拥有久长的财富也会影响幸福。很多人都知道财富的重要性，因为金钱是好东西，可以实现很多梦想，可以帮助很多穷人，另外，金钱之外的财富也会让人活得更接地气，更充实。所以，能够拥有金钱的财富，又能拥有生命的单纯和精神的丰富，那才是能够使人真正感到幸福的东西。人们常言，发财不难，保富才难。有句俗话说：富不过三代。所以，能够拥有保富的能力，才是惠及家族至代代相传、庇佑子子孙孙的。

什么样的人才有保富的能力呢？找到真心的人。为什么呢？因为找到了真心，可以安住于当下，往往会更明白金钱的意义，懂得财富的价值，所以这样的人知道财富的流通性，财富的布施性，财富的利他性，如此才能让金钱发挥最大的价值，最后让金钱正向循环起来，让钱流出去又流回来，最后财富越来越多。

财运是什么？财运就是一个人如何利用金钱，是用钱行善还是用钱作恶，这样带来的财运有本质的不同。运气不是凭空而来，是建立在一个人大格局、无私心的基础上。

在这个世界上，在所有现象的背后，都有一个永恒不变的规律在平衡着这个世界：那就是因果规律。种善因得善果，种恶因得恶果。人，为什么一定要善良？因为无论你给这个世界什么，这个世界都会返还给你什么。你善，世界对你予以微笑；你恶，世界会返还给你恶的结果。千万不要怕你所付出的得不到回报，因为宇宙法则会自动平衡这一切。所以，你尽管去善良，上天自会给你奖赏！

在追求财富的路上，有的人心里时刻装着要挣多少钱，要得到多少利益，最后的结果往往事与愿违。“爱出者爱返，福往者福来”，在我看来，在追求财富的路上是“钱出者钱返”，钱只有花出去，才会再回来。

有人认为，财富是自由的保障，似乎有了钱就可以随心所欲。事实上，如果没有心灵的自由，财富占有得越多人反而越不自由。因为金钱会激发更多的欲望，占有越多，牵挂和期待越多，所求的也会越多。从前，人们觉得成为“万元户”就非常知足了，再后来成为百万富翁就很有钱了，可是随着时间的变化，人们成为亿万富翁也不一定真正满足，这就是被金钱撑开的欲望。有了这样的欲望，人就无法收心，无法安住当下，放眼望去全是名和利、钱和财，不知道自己究竟需要多少钱才够。而且有不少人因为对金钱的过度依赖和追求，失去了健康，更有甚者，为谋取私利而使心理遭受的伤害更是难以愈合。

在金钱大行其道主宰一切的状态下，人很难真正找到自己那颗自由的“心”，不被金钱束缚的“心”。这样的心一旦没有会影响人的一生，甚至祸及后代。不难想象，一个一心只向“钱”看的父母会培育出什么样的孩子？一个见利忘义的父母会给孩子什么样的影响？一个心里只有钱没有爱的人，又能带给这个社会什么样的影响？

当没有了心，满脑子只有钱的时候，就会出现有人在拿命去冲在抗疫救援第一线，有的人却趁着疫情卖假口罩。

当没有了心只有利的时候，就会出现有人在伸出援手帮助需要帮助的人，有的人却在趁火打劫。

所以，还人以真心，还人以善心，还社会以精神文明，还每个人更多倾注精神财富的力量并不是空洞的口号，而是刻不容缓的事情。

所以，当一个人拥有了慈悲和爱心，拥有了信仰与智慧，才是最大的财富，这个财富不会流逝，而会越用越多，这就是保富的能力。

六、找到心，拥有人格独立和爱

人格独立是幸福的起点

让心性扎根，看着自己活着。

为什么说人格独立是幸福的起点呢？我们之所以在成家立业后会出现各种家庭问题，造成各种痛苦的根源就是因为没有形成自己的独立人格。

所以必须让自己早一点人格独立，我们要看着自己活着，看着自己经历着生活带给我们的各种酸甜苦辣，我们接受生命带给我们的每一个缘分和节点。人格独立了我们才可以俯视自己的生命，遇到问题自我观察并解决它。而不是依附原生父母或者另一方才能让自己获得爱，我们不能总是被外界干扰，要学会控制自己的情绪，我们要让每一天的生命都在成长，都有意义。

从心理学（或者知识性质大脑思维）角度上来说，独立型人格是自主性比较强、有独立意识的一种人格。表现为习惯独立思考、独立实践，控制情绪的能力较强，有较强的理性能力，注意维护自己参与决策的权利。独立人格一般意义上是指能够独立思考、独立操守。具体人格独立的表现形式有：

1. 与原生家庭分离

独立人格的第一个表现就是与原生家庭完成分离，这种分离不是指生理或者精神上切断联系，而是指与父母建立起清晰的边界，有自己对人生和人性的判断和追求，不依赖父母家庭的物质和精神把控。在成年以前，我们的行为是受父母监护、由父母负责的，而独立就是要学会成为自己行为的负责人。除此以外，拥有独立人格的人能与父母发展出除了“亲子”关系以外，新的、属于成年人之间的关系。比如，童年时期我们需要听父母的话，而在独立之后，父母便成为我们人生的“建议人”，而不是我们人生的“掌控者”。成年以后，当你遇到工作、生活、婚姻、家庭等方面的问题时，你非常苦闷，想解决这些问题，但是你不知道怎样解决。人们通常认为，要解决一个问题，必须找到问题发生的根源，否则怎么能解决呢？基于这一思维定式，只要人们想解决他们当下的问题，头脑就去寻找产生这个问题的源头。在过去被强调孝德的年代，子女把父母视为天，如果谁的人生有了问题，他怎么敢怀疑是父母的原因呢？谁会责怪老天呢？而这种思维也间接证实了人格独立的重要性。无论遇到怎样的境遇，都不要怨天尤人，不要怪别人，是人格独立的第一步。

但现在时代不同了，人们的思想大为开放，敢质疑一切。因而，当他们遇到问题时，可以思考那是不是在他们小时候，或者是父母和家庭的原因造成的呢？

要知道，头脑有一个特别的功能就是——寻找证明或支持，把自己成年后遇到的问题，说成是幼年时期家庭或父母给自己带来的，并深信“那的确有道理”“是这么回事”等，那只不过是头脑找到了它自己的证明或支持而已。这一切是真理吗？如果要归结于父母原生家庭的责任，那也只是头脑编织的一个迷惑它自己的故事而已，它愿意相信，并于麻痹中愿意待在那儿。

把自己成年之后的问题，归于父母、家庭或某某人或某某事，仍然是一种外归因。只要是外归因，你离真正解决那个问题，还遥遥无期。同样的问题，你的心在痛苦，但避开心而到别处解决问题，那怎么能够真正地解决心的问题呢？

你的身体病了，却到别人的身上寻找病因治病，那怎么能够真正治好它呢？把心灵的问题，不归因于自身，而归因于你的幼年、你的父母、你的家庭、你过去相遇的某个人、某件事，这怎么能真正解决问题呢？

给大家讲一个我身边发生的真实案例。妈妈是单亲家庭，带着个姐姐和他爸爸结婚。父母经常争吵甚至动手，每次父母打架他就害怕得躲到邻居家里。所以他从小就非常没有安全感，成年了也恋爱好几次，但是都因为受儿时记忆的影响，每次都以失败告终，这种失败的根源是他每次都以冷暴力来解决问题，女方受不了便和他分手了。

如果这位男士永远活在父母的阴影下，这辈子都很难幸福。因为他一直活在来自父母的负面情绪中，活在过去不愉快的记忆里。所以，如果只是从心理学层面处理这样的记忆带给他的伤害，那么他永远也无法真正地解决问题。

心念决定了你未来命运的走向。要想真正解决心的问题，你必须认清它。心本身是没有时间、空间的概念的，是你的大脑创造了这个环境、这个时空，这位男士要让自己获得幸福，必须找回自己的真心，才有机会吸引和感召真实终极的幸福。

2. 越往外归因，离真相越远

我们的心存在一个潜意识库吗？你能百分之百地确定吗？如果你不能百分之百地确定，那就是猜测，而猜测是故事，不是真实。你可以找出很多证据，来说明你的认识是对的——但那仍然是你自己为维护自己所相信的故事找寻的证明或支持而已。除了当下，你一无所有，你没有过去，也没有未来。如果一个人在真相上没有过去或未来，他还存在潜意识的假说吗？他还存在命运吗？头脑是喜欢故事的，这就是现代社会有那么多的所谓心理学家、学者、文学家、科幻工作者提出了那么多学说、理论或故事的原因，也是整个社会到今天还普遍处在一个大梦中的原因——因为头脑喜欢故事。喜欢编造故事，是头脑的生命和生活。

心理学领域出现了很多各种各样的概念，每一个概念都是故事，无一例外——都是心的编织。相信那些故事，意味着你在离开当下，离开真实，而进入离当下、真实越来越远的梦。所有的故事都是假的，这毫无疑问，无论它看起来多么真实、有道理——但，那还是假的，都只不过是暂时性的“对症”处理。只要你的所谓治疗没有来到“信念”心的层面，你就不可能真正地解决或完全永久性地疗愈。

人类心的问题的唯一真正彻愈治疗是：摇醒—觉悟—醒来，发现一切唯心所造，发现一切都是梦境不实，唯有这样，你才能真正不病不苦，甚至不生也不死，否则，没有别的、真正的好办法。

3. 能够适应环境

拥有独立人格的人能够很好地处理外界环境，拥有在环境中独立适应和生存的能力。一方面，他们对自己的能力感到自信，并能在没有他人的帮助下处理好挑战和困难。比如他们在工作中，可以独立完成领导交代的任务。另一方面，他们在面对重大抉择、人生十字路口时，能够根据自己的价值观和喜好，独立做出决策。比如，他们能够判断此时创业是对自己最好的决策，那么即使周围人不同意，他们也不会将决定权移交给他人。我们在前面讲原生家庭的处理过程中，其实也带出了适应环境的课题。适应原生家庭，代表大脑不做判断，活在当下，解决处理好当下就行。适应环境代表我们无论遇到任何人和事，都要用心活着。环境是一种外相，一切外相都是自己心的投射，自己的心在哪个频率就吸引哪种频率，外面都是自己心性的镜子，独立和完善自己才能回归自性，找到心的本原体，在工作和生活中，让自己的心性扎根，做个有根的人，而不是像浮萍一样漂着。

4. 能掌控自己的情绪

人格独立的人，能够掌控自己的情绪，能够自主地控制自己的行为，受到他人的影响较小，情绪调节的能力更强。比如，有的人因为他人的评论感到愤怒，甚至冲动打人，这就是人格不够独立的表现之一。情绪是一种假象，是大脑激素受外界环境影响的假心，当情绪来临的时候，你可以看着自己的情绪，在不伤害别人的前提下允许你发泄，觉知这是一种能量在流动就行了，一会儿就过去了，就容易掌控情绪。

5. 敢于表达与他人冲突的需求和价值观

独立人格还表现在拥有一套可以体现自我价值的世界观、人生观、价值观、评估标准，即使和他人的观念存在冲突，也敢于表达自己的需求和价值观。比如，在公司的讨论会上敢于提出与同事不同的观点，而不是因为害怕遭到他人的反对、引起他人的愤怒选择违心附和。当情绪来临时，允许它发生，都是涉及如何更好地控制自己的情绪，控制情绪的过程实际涉及如何疗愈自我。

当痛苦的思维来临的时候，允许并接纳这种情绪发生，才能使情绪恢复平静，而不是通过对抗来使情绪变得更坏。情绪的这种伤痛是无形的，你看不见摸不着，但是真实存在，你就用这样的空性真心去抚慰伤痛的假我之心。最后你会发现，爱和痛都是你的情绪，我们都要接纳。

爱的能力是获得幸福的能力

本来清净，本来具足，本来圆满。

幸福的能力就是爱的能力，或者反过来也可以说拥有了爱的能力就找到了通过幸福之门的钥匙。

1. 最高级的善良，一定要学会共情

在《天才在左，疯子在右》一书里有这样一个故事：有一位精神病人，认为自己是一只蘑菇，于是就蹲在角落里，每天不吃也不喝，像一只真正的蘑菇一样。如果让我们来治疗他，该怎么办呢？我们可能会说：你不是蘑菇啊，赶紧起来吧。我们可能说成百上千遍，甚至还会过去拽他起来，这个病人必定还是会无动于衷，坚持做蘑菇。心理医生是这样做的：他撑了一把伞，蹲坐在了病人的旁边。病人很奇怪地问：你是谁呀？医生回答：我是一只蘑菇呀。病人点点头，继续做他的蘑菇。蹲了一会儿，医生站起来走了一会儿。病人不解地问：你是一只蘑菇你怎么能动呢？医生说：蘑菇也可以动啊。他说，哦，原来做蘑菇也可以动。所以他就跟着动。然后医生开始吃饭，他就问：你怎么可以吃饭啊？医生回答：蘑菇不吃饭怎么长大？病人觉得对，也开始吃饭。

这个故事给我们一个启示：共情说难很难，但也挺容易，只不过是在别人遇到困顿时，蹲下身来，陪他做一只“蘑菇”。而他，必然也有让自己重新快乐起来的能力。学会共情，才能触摸到别人心底的柔软，利用自己的善良，真正对他人有所帮助。

还有一个关于共情的例子：同住在一个楼层的邻居，主人家有一个孩子，邻居是一位警察，也有孩子。某天，这位警察因公殉职了，只剩下 10 岁的儿子和孩子的妈妈。以前他放学回家，从不拿钥匙，会喊爸爸来开门。邻居警察过世后，爸爸特别嘱咐他，以后你自己带钥匙开门，别喊爸爸给你开门了。小朋友不知所措，问为什么。爸爸说：你一喊爸爸，隔壁小男孩听见会不好受的。从此以后，他知道别人有什么不愿提起的东西，或者不好受的某个点，都会刻意地避开，不小心提起也会立刻道歉。如果在一起有人不小心提起，也会帮别人解围化开僵局。父亲的共情，传递给了这个孩子，他长大以后事无巨细都能为别人着想，所以他才会有这么多知心好友，人们也愿意和他合作。

2. 让别人安心，才能得到关心

前面讲的学会共情，用善良的心，设身处地地为对方考虑。一切环境都是假象，但是我们又必须借助它来达到修行的目的，让自己获得幸福的能力，从而收获幸福。你要让自己意识到这些，才更容易遇见自己的真爱，你心甘情愿地付出真情，让对方觉得安心，对方才会把心交给你，自然会得到对方的关心。总体来说，只有内心越强大，才会越有安全感和幸福感。不论男女，一定要拥有独立思考的能力，不要只享受父母给我们的爱，要脱离原生家庭和其他人给予的外界力量，只有学会自爱才具备给予爱的力量。

3. 婚姻期四个爱的阶段

心理学认为，一段成熟的、称得上真爱的恋情必须经过四个阶段，分别是：共存、反依赖、怀疑、共生。第一个阶段：共存。这是热恋时期，不论何时何地总希望能“腻”在一起。第二个阶段：反依赖。一方想多一点时间做自己想做的事，这时另一方就会感到被冷落，或者总是因为一点小事去计较和数落。第三个阶段：怀疑。这是第二个阶段的延续，要求有更多的独立自主的时间，或者总是觉得对方对自己冷淡，没以前那么爱自己了。第四个阶段：共生。这时新的相处之道成形，你们已经成为彼此最亲密的人。你们在一起相互扶持、一起开创属于你们的人生。你们在一起不会互相牵绊，而会互相成长。他(她)就像是你的亲人。但是，好多人都通不过第二或第三个阶段，选择分手。其实很多事只要好好沟通就会没事，可是由于想太多和任性就是无法避免。能够遇到唯一的你是多么不容易，能不能不要轻言放弃。

进入婚姻后，最好的婚姻状态是久处不厌。第一阶段：甜蜜期。即刚结婚，两人还处于新婚的欣喜中，维持恋爱时的状态。虽然偶尔也会有小争吵，但是都会体谅对方。平时生活中也会准备些小惊喜给对方。在别人看来可能是坏毛病，而在你眼里却是美好。第二阶段：磨合期。即结婚 2—3 年后，过了甜蜜期，开始进入磨合期。双方各自的一些毛病会慢慢出现，但是会没有甜蜜期那样的包容，比如说袜子乱放、把刚拖干净的地板又弄脏等这样的小事都可能成为两人争吵的导火索。有些男人在婚后都是依靠女人会像妈妈包容孩子一样去包容他。但是女人在婚前并没有这样的心理准备，认为自己一辈子有所依靠，心灵和精神领域不再成长。在此期间，两人都会升级成为爸妈。孩子的到来，会打乱二人世界的平衡，会以孩子为中心。女人十月怀胎，如果老公不懂得陪伴老婆度过这段考验期，再加上处理不好夫妻双方两个家庭的关系，大多家庭就会在这个时候产生矛盾导致离婚。因为婚姻一开始只是夫妻二人世界，突然要面对新生儿和父母长辈家庭的文化差异问题等，这时，两人矛盾也会慢慢变多，婆媳矛盾也会增加。帮老婆，还是帮老妈，这是令男人头痛的问题。处在磨合期的种种会让人心力交瘁，所以很多夫妻都挺不过这个阶段，实为可惜。第三阶段：平淡期。即熬过了磨合期，婚姻慢慢进入平淡期。经过磨合期，夫妻双方的棱角被磨平，两个人经过磨合期的“折磨”，心境变得平淡。孩子也工作了，两个人就有更多时间做自己的事。日子平淡如水，没有波澜也挺好的。但也有人抵不住这平淡而在这个阶段选择分开，真是遗憾。第四阶段：长久期。经过了前面三个阶段，婚姻进入了长久期。没有什么能拆散你们的婚姻了，可以一起携手到白头。选择走进婚姻殿堂的两人都是这个初衷，希望两个人能一起携手到白头，至死不渝。只是很多人的婚姻都“死”在了前两个阶段。不论你们现在处于哪个阶段，希望你们能一直走到第四个阶段，一直到生命的尽头。如果挺过了第二个阶段，那么离长久就不远了！

建议决定走入婚姻的两个人在婚前建立一个幸福公约，按照双方约定的项目进行未来一辈子漫长的日子，免得忘记初心。两个人在一起，就要承认自己都不是完美的，在一起就为了互相成就，0.5+0.5=1或1+1=100。

4. 婚姻之道是维持家庭、事业成功的核心

女人是家的快乐和财富之源。夫妻就像两扇门。《易经》中说："一阴一阳之谓道。"这就是夫妻之道。

家庭的纷争和矛盾往往不是一个人的问题，而是家庭的核心部分出了问题，谁是核心？就是夫妻关系。如果夫妻之间迷失了自我，不愿意面对自己的心，找不到自己的心，也就找不到家庭问题的出处，然后彼此都会感受不到爱和幸福。幸福家庭都是什么样子的呢？家庭社会学家提出了两种社会标准，即"自我感觉美满"的标准和"外人感觉美满"的标准。无论是哪一种，它都能使人产生以下感觉：归属感，欢乐，有人共享，痛苦有人分担，家是人们心灵的港湾。而不太幸福的家庭又是什么样的呢？往往是压抑、烦躁的，甚至让人有想逃离的窒息感。就像有句话形容的，幸福的家庭是堡垒，无论外面有多少风雨，都坚固如铁。不幸的家庭像牢笼，看不到出路和希望，度日如年。

家庭之间的矛盾和纷争看似普遍，实则不简单。幸福的家庭都很相似，不幸福的家庭则各有各的不幸。家庭矛盾就像生病一样，病症只是一个结果，而我们需要找到的是造成这个“果”的因在哪里。比如生病这个果是因为饮食、情绪、生活习惯等因造成的。家庭关系不睦也是一个果，根源在于每个人的“心”。这个心来源于原生家庭和价值观，也来自每个人不同的意识形态。所以，当家庭出现问题的时候，特别是孩子和婆媳关系，都是因为考虑问题的心不在一个点上。所以，最好再重复看一下第一章讲心的大课题。把各自的心找回来。

5. 家庭幸福公约

第 1 条：男女双方都必须要具有良好的个人品性，良好的心态，健康的心理素质，比较优秀的人格魅力！双方互相欣赏，有缺点错误可以互相补漏，而不是互相诋毁。

第 2 条：要有孝心，爱心，感恩之心。孝敬双方父母，更重要的是对婚姻忠贞忠诚，有爱心，懂得付出，感恩对方付出的爱的价值！

第 3 条：工作上男女双方要相互支持和相互鼓励，生活中要时时关心对方的身体健康，作息时间要有规律。同时要每两年做一次体检。

第 4 条：在事业上或工作中遇到困境或不快时，回到家里要主动讲给对方听，因为对方是你背后坚定的支持者和给你智慧和爱的人，有了心爱人的支持你就会有战胜困境的信心和决心！两个人去扛，再大的困境都会过去！

第 5 条：要注重仪式感。作为老公在平时也要学会体察妻子的爱好、个性、脾气等，老婆、孩子、父母的生日要时刻记在心里，在这些特殊日子里要给对方一个惊喜！或在出差回来时带回一些对方喜欢的东西！

第 6 条：平时要对家庭生活建设有一个短期、中期或长期的计划或规划，男女双方都要为之努力拼搏，在共同实现目标的过程中，难免遇到困难，要做到不互相指责和抱怨，要相扶相携不离不弃。如果事与愿违，通过好好沟通再拟订新的方案，要相信困难是暂时的，在两人心里要有这种信念——没有什么事是跨不过的坎！只要两个人同心，团结就是力量，再大的困难都会战胜的。这是真理！

第 7 条：在平时两个人都要有一颗不断学习的心，因为现在社会高速发展，一个人不长期学习和自我改变，这个人最终会被社会所淘汰！所以为了不与社会脱节，每个人都要不断学习！

第 8 条：两个人都要有一颗童心，俗语说："有童心的人永远不会老。" 女人不但要有童心而且要会撒娇！把老公哄得围着你团团转！老公也要学会欣赏和赞美老婆，在心里把老婆点缀得美丽如花！老公在外赞美老婆！老婆要夸奖老公疼自己。

第 9 条：要有一个理财规划，这样才会积累财富，一个家的财富才会越变越多！

第 10 条：每月男女双方都要看 2—3 本书，内容可以是有关人生规划、爱情、婚姻经营、交际、销售、个人发展等。最理想的方式是两个人都有一个共同的信仰，在生活中共修，这样灵魂才不容易掉队。男女双方遇事要学会沟通和协调，家是讲爱的地方而不是讲理的地方！允许对方每天独处半小时静养，回观自己的情绪。

第 11 条：人生事业和爱情婚姻经营的危机管理和预警机制。经历过了才知道这些道理的重要，所以要把产生这些危机的根源扼杀在摇篮里。因此危机的预警机制放在最重要位置，危机管理是一个系统，一定要去学习和提升自己的智慧和应变能力。

第 12 条：幸福的爱情婚姻与高学历没有很重要的关系，高学历只代表你以前所学的知识面，而现代社会和科技进入了高速发展的时代，知识结构和知识面在时时淘汰和天天更新，所以请你不要老是沉浸在过去的知识结构和知识面里沾沾自喜。幸福的婚姻里最需要什么？男女双方要在心里摆正自己的实际需求位置。不要把一些不切实际的东西拿来限制和苛求对方。而经常学习的人，心里容易接受新东西的人才能永远站在人生发展的制高点，站得高看得远。

爱在其“心”，各安其道

禁恶修善，在生活中体悟真心。

一、夫妻道

夫妻双方要以身作则，而不是去管制对方。《易经》中说：“家人，女正位乎内，男正位乎外。男女正，天地之大义也。”真能达到这一点，就是阴阳平衡。

本来是丈夫的事情，但是丈夫忘记做了，妻子不要埋怨，要认真把事情做好；反过来，丈夫也要这样做。对方做不到的自己补上去，这就是互相补漏。很多时候我们就是没有把握好这个补漏的过程，才使得婚姻出了问题。比如男人长期很晚才回家，孩子在家里都没时间管理，如果和婆婆一起住的话，肯定也有婆媳问题出现，但是女人长期自己煎熬，情绪没有被及时释放，一旦有个机会，就容易爆发。经营婚姻程度不同，会对家庭产生不同的影响。如下面所示：

1+1=0

1+1<0

1+1=2

1+1>2

1+1= ∞

男有男的本分，女有女的本分，阴阳各有其位。男子以刚正为本；女子以柔和为本。“刚”是不动性(不发脾气)，“正”是合乎正理。“柔”要性如水，“和”就要合乎理。男人如山，女人如水。山承接天之阳刚，水吸纳地之灵气。自古以来山水相依才能构成一幅幅美丽的图画。

两个人长期相处，难免有磕磕碰碰的时候。两扇门经过日晒雨淋会变形，这时候需要修理，使之重新吻合；两个人经历磨难时会有隔阂，这时候就要相互理解，才能雨过天晴。古人说：“各自责，则天清地宁；各相责，则天翻地覆。”夫妻相处久了，自身的一些弱点都会暴露出来，各自反省自责、互相磨合是正道，如果互相埋怨指责，则会日渐疏远，甚至闹得天翻地覆。遇到狂风暴雨，两扇门要同时关上；碰到艰难困苦的事情，两个人要一起努力。

二、丈夫道

真正的幸福生活，主要需要男人发挥作用。都说女人是水做的，所以这碗水往里面放糖它就是甜的；往里面放醋它就酸；把它放在温暖的地方，它就成了温水，这个温水温暖你的心；把它放在冰冷的地方就成了冰块，冰块砸死你。把他惹火了，他就开始烫伤了，还是你要是把他惹生气了才成了汽水，这成了汽水之后啊，你还不能咬他，你得把它捧在手心里，否则会溅你一身，现在知道怎样对待自己的女人了吧！所以，丈夫道要求男子汉大丈夫要说话算数，一就是一,二就是二，说到做到。做不到就不要说，说话不算数就没有尊严。有私心就会暗中做违背良心的事，令全家烦恼，这种人不是好男人。“刚”是不但不打人骂人，而且被骂也不回答、不反驳、不烦恼，被骂也不动性(不发脾气)。顺逆当头，安然自在，做到就是大丈夫。男人是一家的栋梁，要能明理，有志气，领妻不管妻。如果男人做到位，则家中少灾难；如果男人做不到位，则家中多灾多难。

三、妻子道

女人是国之母，家之妇，人之妻。女人要柔和，安详笑容，合一家的人缘。如水一般随圆就方，合五色不与万物相争，处在最低的地方，低矮就下，常认不是，是为女人的本分。女人多事，男人无声；女人不柔，家财不旺。不要刚暴，不要急躁，不要啰唆多嘴，更不要去管男人的事。应助夫不累夫。女人有三妇：悍妇、弱妇、媳妇。女人刚暴，管着男人，精神上欺压男人，说话像打雷一样，叫悍妇。这种家庭阴盛阳衰，丈夫会未老先衰，甚至夭亡，生下来的小孩也不中用。女人什么事也不做，全部依赖丈夫、依赖父母，叫弱妇。女人好吃懒做，怨天尤人，是一家的扫把星，悍妇和弱妇都不是媳妇。媳妇的意思是平息一家的不和，做和睦一家的吉祥使者，对人平等、和气，齐满一家的福气。媳妇当性如水，性如水要知足常乐，意为根，托满家，和颜悦色。为一家的喜星，上孝父母，中和妯娌，下慈儿女能助夫成德。使丈夫无内顾之忧，能报效社会，立身行道，扬名显亲。不但治家如此，即使在社会上工作，也能恪守本分，建功立业。如此才能家道长久，福禄长享。一个家庭是否安乐，是否安静，是否兴旺发达，妻子的作用是非常重要的。女人能做一个性如水的妻子，定生贵子，定能助夫成德，家庭美满。

四、老人道

老人是一家的天德星，以德为根。“德”是担当一家的过，和平一家的过。老人性如灰，温和无火气，少说话，不唠叨，不说家人长短，带头缘起一定互相看好处，还得要兜满家。知足常乐，在家颐养天年。宣扬家风，赞叹祖德，教育子孙懂得知恩、感恩、报恩。不要管闲事，不要过多牵挂子孙，“儿孙自有儿孙福”。子女的事不要干涉，放手让位给后辈来当家，不摆老资格。家里有问题，首先是老人行为有漏洞了。一是不守本分，二是过分。家里有问题，老人应生惭愧心：是我老人没做好，有缺德之处，没把家人教育好。老人如何使一家兴旺呢？就是要多行善事，广积阴德。一方面可修德免罪，另一方面为子孙培德扎根，庇荫子孙。老人有德是最好的风水，最高等的风水。

五、婆媳道

夫妻双方矛盾，很多时候是家庭与家庭之间的矛盾，双方家庭的矛盾更多投射在婆媳之间的矛盾中。婆媳之间的矛盾从古到今都存在，原本没有血缘的两个女人变成了一个家庭中的成员，难免会产生矛盾。如果能够想到在一个家里相遇就是缘分，你就会用慈悲心去面对一切人和事。特别是自己的家人更是自己的缘分功课。所以，找心是一切问题的根源。你就会明白：

本来媳妇就不是婆婆生的，婆婆若不明白道，未先施恩，先扬短处，或以大压小，用脾气来管她，说话总种恶因，婆媳哪能产生好感情?

每个家庭应设想到是别人的女儿嫁进这个家里，家婆应疼爱儿媳妇如同疼爱自己的女儿。如做不到，儿媳会用同样方式去对待她以后的媳妇，造成恶性循环。

做媳妇的应该把公婆当成自己的父母孝敬。古人云：人生都有双重父母。所以对双方父母都要一视同仁。不孝公婆，种下如此之因，待儿女长大之后，也定会受儿女不孝之果报。做丈夫的必须智慧地处理婆媳关系，很多时候儿子会因为孝顺，而总是批评教育自己的妻子。但是从妻子嫁过来的那一刻起，妻子才是这个家的主人。长辈是子女的根基，长辈做好根基里的德行，自然能感召好媳妇。所以，丈夫更多时候要学会站在妻子角度为这一家考虑，我们不能愚孝，因为妻子的心情影响三代人的智慧。家和万事兴，要想夫贵子贤，总体原则把握孝敬公婆，日子准能发达。否则富贵花间露，荣华草头霜，皆不能长久。学道不是要求别人，而是为了完善自己！

心中有爱，和气生财

世界上所有的惊喜和好运，都是你累积的人品和善良！

情绪愉悦可以影响财富，所以，和气生财一点都没错。那么，人怎么才能保持和气的心境呢？要认识情绪、疗愈情绪，最终通过接纳情绪而变得心境平和，平气愉悦。首先，我们了解一下什么叫情绪；其次，知道人为什么会有情绪；最后，谈怎样解决情绪。只有明白了情绪是什么，当你情绪来的时候，才知道如何对照着自己发生的情绪而采取方案解决情绪带来的负面影响，引导其正向发展，不容易被外境所扰。

1. 如何理智处理愤怒情绪

发生了什么并不是使你愤怒的唯一根源，关键是你对发生的事情是如何做出反应的。心理学家告诉我们，人的愤怒来源于“当下发生的事情”+“因果关系条件反射”。所谓“因果关系条件反射”，就是你解释事件的方法。被广泛使用的条件反射有：

他没有接我电话→推导出他不重视我。

他没有给我买礼物→推导出他经常忽视我。

他不陪我过节日→推导出他总把自己的事情放在陪我之前。

就是这些根深于你头脑中的“因果关系链”，当对方在不接你电话、不买礼物、不陪你过节时，会激活这些条件反射，让你得出上述结论，最后免不了会大发雷霆。学习情绪管理，你首先需要做的，就是改变这些条件反射。

比如改成：

他没有接我电话→推导出他现在很忙。

他没有给我买礼物→推导出他最近财务情况不佳，而非刻意忽视。

他不陪我过节日→推导出他需要其他放松方式，或者事务繁多。

不妨列一下最近使你生气的十件事情，在每种情况下，你用了什么因果关系条件反射，是否有修正的空间；未来生气时，先花哪怕两秒钟的时间思考一下你使用的因果关系是否合理。做一个善解人意的人，要让人觉得跟你相处是轻松愉快、几乎没有负担的，而非总是产生负罪感，才能获得长久的关系。

在心理学上有一个 6 分钟“自制情绪疗法”。一般来说，人类的情绪都会和人体某个部位相对应。通常愤怒的情绪会在颈部、下巴和肩膀造成反应；悲伤的情绪则会集中侵扰你的胸腔和喉咙（有些人是眼睛后方）；恐惧的情绪则会让你的消化器官受影响。下次愤怒的时候，在说话之前先保持 30 秒的沉默，找出你的身体哪个部分引起了反应。然后把你的呼吸导向那个部位。你的吸气必须深到足够充满你的身体。呼吸要均匀、不间断，而不是吸了一次气马上停下来。时刻感受自己的感觉。其实，如果你能够平静地向相关部位吸入空气，只要 1 分钟，你的感觉和想法就会改变。如此集中精神，呼吸 6 分钟以后，你的感觉会完全不一样。

跟健身一样，控制自己情绪的能力也需要勤加练习，才能成为情绪的主人，而非愤怒的奴隶。还是那句话：He who angers you controls you. 只有能够控制自己情绪的人，才能最快得到自己想要的，并最小程度地受人控制。

另外，情绪管理学家认为，如果一个人某一次在某一种情境中被一种情感攫住，下一次出现这种情境时，也很容易吸纳进入同样的情绪中，周而复始，直到这种特定的情绪变成一种条件反射。

比如，假如某一次你的情绪屈从于愤怒，你会发现下一次即使是在较小的刺激下，也很容易变得愤怒。因此，若不加控制，原来易怒的人会越来越易怒和不幸福。而多加控制，则能防止今后再次陷入负面情绪，让生活进入更多快乐和愉悦的良性循环。

2. 为什么说和气生财

幸福与财富在很大程度上没有关系，但也不是绝对没有关系。比如一个人一贫如洗生活无着，很难去追求笃定的心态和崇高的精神，因为他们心有余而力不足。100% 的幸福跟钱没有关系，但是 99% 的痛苦都跟钱有关系！鲁迅说过：人只要有钱，烦恼就会减掉 90% 以上，情商和智商也会提高，更不会乱发火。没有物质的依托和保障，人很难达到精神的愉悦。所以，想要追求一种无我无物的境界，又要有有钱人一样的精神感受，需要不断去学习，去修习自己的内心，最终达到无我无物的境界，回归到一个简单纯粹的人，那样才能谈真正的“幸福人生”，用社会流行语形容就是真正的“富贵人生”。

关于“你认为夫妻之间排名前三的矛盾是什么”的问卷调查结果显示，70后夫妻的主要矛盾集中在经济矛盾、子女矛盾和情感矛盾这三方面；80后夫妻的主要矛盾集中在情感矛盾、经济矛盾和原生家庭矛盾这三方面，其中，因理财分歧、收入偏差、支出纠纷、婚后财产分配等经济因素产生的双方矛盾分别占据了前几位。

由此可见，以情感矛盾为夫妻主要矛盾，婆媳矛盾为次要矛盾的传统婚姻时代已经宣告结束了。在商业社会的种种诱因刺激下，夫妻之间的主要矛盾与时俱进地转化到了经济方面，怎么谈钱才能不伤感情？怎么谈感情才能不伤钱？成了很多夫妻或未雨绸缪或痛定思痛的首要恶补功课。在当下这个后婚姻时代，会谈情更要会谈钱，情商（EQ）与财商（FQ）要两者皆高，如此才能让我们手中的幸福既不为情所困，也不为钱所困。

七、通往幸福人生的八颗“心”

安住当下的平常心

平常心是禅，禅即生活。

我们活在这个世上，如果想要营造自己的人生，先要修正自己的心，修行不仅仅是出家人的事，每个普通人都要修出 8 种能够带来福气的心，分别是平常心、柔软心、清净心、利他心、慈悲心、舍得心、包容心、感恩心。

幸福的第一种心叫平常心。就是不被外界影响，保持不受外部环境改变的心。像慧开禅师写过的那首诗一样：春有百花秋有月，夏有凉风冬有雪。若无闲事挂心头，便是人间好时节。

意思是心中不能总被事件牵扯，那样就不会平静，也不会静享当下。当一个人的心无法保持平静，心的智慧就被遮盖住了，这样即使在春天也看不到百花盛开，在秋天也看不到月圆。如果心中的事情是坏事情，那就使得内心更不平静，甚至会把原本平常的生活过得度日如年，哪里还能看到好时节？

很多人不幸福就是因为“心不平衡”造成的，总是喜欢把自己置于一种“比较”的状态中。自己没有住楼房的时候也许不觉得什么，但发现邻居买了楼房自己却住着平房，内心就会愤愤不平，觉得自己穷了。自己年收入几万元的时候不觉得什么，但发现同学或闺密年收入几十万元的时候就会心起波澜，觉得自己差了。最典型的要数与邻居之间的比较，比如和邻居的车位挨着，开始两家买的车价位是比较接近的，那还不觉得什么，等到某一天，发现邻居换了更高档的车，自己却依然是之前的车，就会产生一种痛苦的感受，觉得本来与邻居是一个级别，现在自己被别人超越了，内心就升起极大的不平衡，这就是缺乏平常心的表现。

所以，看一个人是不是拥有平常心，就要看他会不会对周围人产生羡慕嫉妒恨的情绪。如果一个人对周围的人都能保持不羡慕、不攀比、不眼红，那么大抵上就算得上平常心修得不错的人。因为一个人很少去嫉妒陌生人，他们不是“周围的人”。当我们学会不去关注差别、歧视和攀比的时候，渐渐就生出了平常心。

人们对外界的认知有三个境界：最初看山是山，看水是水；然后看山不是山，看水不是水；最后成了看山还是山，看水还是水。最后这一个境界，我们就可以定义为平常心。第一个阶段的“看山是山，看水是水”跟最后一个“看山还是山，看水还是水”有着本质的区别。最初的山和水是外在的境，最后的山和水是了悟了世界的本质以后，不再执迷于山和水的这一种外在形式。人一旦不再执迷于外在的形式，就不会对周围其他人有的而自己没有的，产生攀比心和嫉妒心，所有人有我没有的东西都是外在形式。每个人都有自己拥有的，也有自己欠缺的。能够想通这一点，就是用平常心看世界，看生活，看自己，看别人。

电影《悟空传》里有句台词：“这个天地，我来过，我奋斗过，我深爱过，我不在乎结局。”我们都无法预知明天会怎样，与人攀比、与外界攀比会造成更多的不幸福感，所以，想要幸福，就要修炼一颗“平常心”。

平常心就是我们在日常生活中的原有心态，日常生活中的喝茶、吃饭、睡眠，我们的行、住、坐、卧就是平常心的表现。

有一个故事，讲的是一位禅师，有人向他求教“怎样的心是平常心”？禅师回答：“要眠即眠，要坐即坐就是平常心。”这人又问：“如何理解平常心呢？”禅师说，“夏天天热要赤膊，冬天天寒要加衣”。这就是平常心的内涵，顺其自然。那人又追问：“那什么样的表现不符合平常心呢？”禅师说：“该吃饭的时候不吃饭，该睡觉的时候不睡觉，该起床的时候不起床，该放下的时候放不下。”这就是违反事物的本来规律，自己会过得非常拧巴。

我国台湾漫画家蔡志忠先生在一次访谈中讲，他活到70多岁几乎没有生过什么病，也没怎么去过医院，并且笑称自己在死之前估计也不会去。现场观众问其养生的秘诀是什么，他说：我吃喝随心所欲，不贪婪不执着，非常简单，几乎一天可以只吃一顿饭不会觉得单调，不想丰盛的时候一块豆腐乳，想丰盛的话就要两块，困了睡觉，醒了画画，生活简单心就简单，所以很少生病。这种豁达、平和的心态与禅的平常心异曲同工。

我们普通人其实也能做到平常心。我认识一位阿姨，她退休以后经营了一个只有10平方米的小花坊，60多岁的阿姨每天都会把花坊收拾得干干净净，有人来买花的时候，她总是免费送一些东西，比如自己缝制的收纳袋，或者一包花的种子，甚至是自己手工制作的小物件或自己制作的素小吃。没人来买花的时候，她在店里安静地看书，脚边卧着一只慵懒的猫。无论是爱花儿的小姑娘还是送花给别人的小伙子都能从阿姨的身上看到安静与从容，一副与世无争的样子。其实知道阿姨的人都清楚，她是一位癌症患者，为了让自己的生命更有意义，她选择了做自己喜欢的事情并且乐此不疲。多数人认为得了绝症就是最灰暗的日子，而阿姨却活在了花丛中，安静得像一个花仙子。如果没有平常心，这位阿姨一定会惶惶不可终日，会始终觉得自己头顶悬着一把利剑，是平常心给了她从容面对生活的勇气与信心。

心是我们与外界沟通的一种方式，当我们通过内在看向外面的时候，需要的是窗子；通过外在看向里面的时候，需要的是镜子。窗子或镜子代表的就是我们的心，心广大，世界就广大；心明亮，世界就明亮；心如窗，就看见世界；心如镜，就观照了自我。修炼平常心就是修炼我们心的宽广度，等于修炼幸福。

最有力量的柔软心

柔即是道，道法自然。

“柔”集柔和、绵柔、温柔、圆柔、柔韧于一身，是一种顽强生命力的象征，也是一种智慧哲学。柔是世界上最有力量的东西，太极拳动作柔缓，闲散飘逸，看上去软绵绵的，却劲道有力，锋芒不外现，是内敛的真功夫。柔的力量是以静制动，内心柔和，是身体与心灵的和谐统一；身体的柔韧是筋骨与血液的和谐统一；言语的柔和是精神与情感的和谐统一。所以坚强易摧，刚硬易折，温和处世，柔语相劝，这以柔克刚的力度实则最强，这四两拨千斤的力量实则最大。柔，在为人处世上，就是要保持谦逊，宽容大度，能求同存异。大丈夫能屈能伸，宰相肚里能撑船，都是为人所赞赏的真君子风度，其根本都是柔的智慧，做人做事能遵循以“柔”为核心，就是“道”。

相传老子曾经张开嘴给弟子们看，然后对弟子们说：“我那坚硬的牙齿早就掉了，可我那柔软的舌头却还在！”大自然中，鲨鱼是最灵活的大型动物，然而它的全身只有软骨，没有一块坚硬的骨头，甚至可以头尾相接弯成一团。它拥有超强的适应性，不论生存环境如何，它总是能够很快地适应下来。人们想象不到，凶猛的鲨鱼，其实赖以生存的是它独到的绵柔之骨，就像太极拳虽然绵柔，却能无敌于天下。可见，越柔软越有力量，世界上最有力量的是柔软的心。

所以，幸福的第二种心，叫柔软心。衍阳法师说过，我们活得痛苦，很多时候是因为心肠太硬。一旦心柔软了，所有怨恨便会消融，忧愁便会化解，走的路自然轻松很多。

柔软是指把自我放低、放轻，不对外界的事物架设心理防线，也不过分为自己的利益设想，心胸全然敞开。我们常见那些以自我为中心的人，是不可能有柔软心的，“无心”就是最彻底的柔软心。无心=无偏执，是不以自我为中心，否则听到别人说不太友好的话就容易生气，遇到自己看不惯的事就会像刺猬一样竖起尖刺，如此不但做不到与人心平气和友好沟通和合作，还很容易受伤，觉得全世界的人都是敌人。

草木无心也能自然生长、开花、结果，有心的人反而不能那么无忧地过日子，所以我们普通大众都是“凡人”，凡字中间多了一颗心。把中间的那颗“心”修掉，就能让自己不再自高自大，骄慢他人。

《老子》中说：“人之生也柔弱，其死也坚强。草木之生也柔脆，其死也枯槁。故坚强者死之徒，柔弱者生之徒。是以兵强则灭，木强则折。强大处下，柔弱处上。”这段话的意思是，人活着的时候身体是柔软的，死后身体就变得僵硬。草木活着的时候是柔软的，死后就变得枯萎干硬了。所以说，坚硬的东西属于失去生命力的一类，柔弱的东西属于具有生命力的一类。因此，只凭刚强蛮力的军队容易折损，太硬的木头容易折断。在特定情形下，刚硬强大的东西易处下风，柔弱易占优势。

《老子》中还有这样的一句：“天下莫柔弱于水，而攻坚强者莫之能胜，以其无以易之。”水是天下最柔软的东西，却可以滴水穿石。水看上去似乎没有一定要去的地方，但只要有空隙它就处处都可去；而且它的形态不断变化，遇到冷的变成冰，遇到热的变成汽，遇到什么就变成什么。虽然一直在改变，但是无论怎么变，它的本质却始终不变，这是因为它始终掌握着自己的原则。

当一个人具备了“柔”的内心力量，外在体现就会有爱心、同理心等高尚情怀，而这些东西才能真正让一个人拥有力量和饱满的生命力。

比如，一个家里，女性的柔美可以营造夫妻关系，同时惠及亲子关系，女人的柔是一种美，也是一种凝聚力，是幸福家庭的基础。

比如，一个企业，领导者内心拥有“柔”的品质，就能够体恤员工，给予员工各种关爱和福利，这样一来，员工的干劲一定很足。没有人情味的绩效考核永远没有具备人情味的人文关怀效果明显，只因人文关怀更能拢络员工的心。

比如，一个普通人具备了“柔”的一面，即使在外面遇到强硬的人，或者遇到满载负能量的“垃圾人”，也会因为自己的忍让与谦卑而不给自己惹上麻烦。

柔软心是顺应，是尊重，是包容。

我们一旦学会柔软，达到顺应之境，就会产生和谐。所以，柔软的心就是有力量的心，也是寻找幸福的心。

不受扰浊的清净心

心清则明，明则生慧。

“清净”，是豁达康乐，是舍得自如，是不受外界干扰的智慧哲学。老子讲，致虚极，守静笃。重为轻根，静为躁君。一个“静”的人与一个“躁”的人在一起，必然处处占优势，占上风。静，可以让我们更全面、深入地思考问题。

水静下来才会清澈，才能清晰地映照世界。人心也是如此，只有人心清净了，才能真正做生活的主人，细细品味生活。

《大学》开篇也讲到清净的问题：“知止而后有定，定而后能静，静而后能安，安而后能虑，虑而后能得。”知止而后定，定能产生智慧，停下来当然会静，静是一种能量状态。知道为什么停下来，什么时候该停下来，如何停下来，那就需要智慧，需要心理状态和外界状态之间的一种平衡。

所以，幸福的第三个心就是不受扰浊的清净心。

我们普通人之所以每天陷入苦恼之中，大多是因为无法让心清净，徒增很多烦恼，比如人际关系的复杂，身外之物的烦扰，欲望的不断放大，都在刺激自己的内心无法安宁，我们的心怎么静得下来呢?

当我们内心清净，夫妻关系相处的时候就能用更加平和的心态和眼光来看待配偶，会把挑剔和抱怨的程度降低。

当我们内心清净，亲子关系相处就会融洽，内心清净才能看到孩子身上的美好，不焦躁不偏见，不但能够欣赏和鼓励孩子的优点，也能够接纳孩子的缺点。拥有清净心的父母也能将自己的祥和与平静传递给孩子，让孩子拥有好性格好情绪。

当我们内心清净，与其他人的关系相处也会顺畅，不会跟周围的人过分计较，能够更好地合作，也能收获更多和谐的人际关系。

当我们内心清净，做企业也会越来越顺，心静才能思考更多的创意和出路，才能从红海中找到蓝海，即使企业出现问题也会找到突破口。

据说，比尔·盖茨每年会“闭关”两次，每次选择远离尘嚣七天，凝神思考科技业的未来，然后把所思所想传遍整个微软帝国。别以为盖茨的“闭关”只是故弄玄虚，1995 年盖茨写出了有名的《互联网浪潮》一书，为微软确立了新的战略方向，之后的 Tablet、开创网络业务等构想都是在“闭关”期间形成的。我认为这就是“清净心的力量”。

对于每一个普通人来说，能够做到内心清净才是找到了真正的幸福，不因外界因素触动情绪，不会因小事生气动怒，不虚荣于身外之物，这不正是一种强大的力量吗？

老子在《清静经》里讲：夫人神好清，而心扰之；人心好静，而欲牵之。常能遣其欲，而心自静；澄其心，而神自清；自然六欲不生，三毒消灭。

这段话可以理解为，人的神识和意念是喜好清净的，但人心常常扰浊它；人心是喜好安静的，但各种欲望常去勾引它。如果能把这些欲念排遣出去，心自然清净，心若能清净，神识自然就能清净。我们的本性与心原本都是清净的，但受了外境的牵动和影响，引发了七情六欲，使得偏离了人的本性与清净，生出了很多烦恼和纷扰，以至于我们远离了清净。所以，真正的清净心来自哪里呢？不是来自外在的环境，不是来自别人，而是来自我们自己，当我们能够觉察到自己的心被牵扰的时候，要降服内在的欲望，还自己以清净之心，才能渐渐找到通往幸福和安乐的途径。

充满能量的利他心

无我即利他，即为大道。

每一个普通人，无论是在家里还是在公司里以及其他任何一个地方，都可以生起利他心。无论在哪里，都希望自己接触的所有人好，这就是一种利他心；时刻希望帮助和支持别人，这也是一种利他心。拥有了这样的心，就会更加充满能量，更加接近幸福。

被誉为“经营之父”的日本稻盛和夫能把京都陶瓷和KDDI带进世界五百强，与他倡导的“利他”的经营理念分不开。他在选拔人才的时候有几个标准，要求“德高于才”，管理员工也注重“厚德”“正念”“利他”。在稻盛和夫看来，管理企业是简单的，就是小时候母亲对他说的，做人要有德行——用德行去管理你的企业，尽量地利益他人、奉献自己，然后坚持。

稻盛和夫在掌管公司40多年期间没有亏本，其中最核心的思想就是“利他”。当初面临公司倒闭的时候，他去接手。很多人都跟他讲，这样做你肯定没有好处，有那么多退休的人等着你去支付退休金，它的产品又不怎么样。最后稻盛和夫就说，如果能让这个工厂起死回生，让所有的员工生起希望，这是一件积德又利他的事情，就应该无怨无悔地去做。正是这份难得的初心和利他的心，使得稻盛和夫成了人们心中的“经营之父”，人们对他的尊重不仅仅是来自他的管理能力，更多的是对他这份利他心的认可和追随。

或许会有人说，利他心说起来很漂亮，却不能真正用在商场上，而且从短期来看，这种做法还会让大部分人觉得很吃亏。然而放眼长远，由于善待他人的这份利他之心恰好顺应了宇宙法则，最终必然会给人带来正面的影响和结果。

稻盛和夫从“作为人，何谓正确”这个最基本的命题出发，结合中国的哲学思维，用最朴实的语言——“敬天爱人”，来设计日本京瓷公司的经营哲学，可以说放之四海而皆准。“敬天”就是坚持做正确的事情，用正确的方式和程序贯彻到底为准则，按本性要求去做事，这样则无往而不胜。所谓“爱人”，就是按人的本性做人。“爱人”就是“利他”，“利他”是做人的基本出发点，利他者自利。对于企业来说要“利他经营”，这个“他”是指客户。广义的客户包括顾客、员工、社会和利益相关者，只要为客户创造了价值，企业也就可以从中分享价值。

“利他”与“利己”是相辅相成的，保持谦逊的态度，树立无私的品德，凡事先学会付出，才能获得别人的尊重和拥护。

一心“为我”者，做人必然斤斤计较、心胸狭隘、短视利益，必然没有足够宽广的视野和战略眼光，必然难以承担责任，必然难以成就大业。真心“利他”者，必然视他人如自己，必然会为他人考虑，必然讲诚信和气心性纯净，必然能容人容事，必然广结善缘，必然能和合、共赢，成就人生事业。

就像培训行业，有些班级很多人排队上课，而有些就连学员都招不满。这说明什么呢？说明当你满脑子都希望赚钱的时候，钱往往跑得比你快；反过来，如果你想着的是利他的时候，钱往往会来追你。

你不断地为别人着想，不断地为别人的利益考虑，你所想的所做的都是别人所需要的东西，那别人就会不断地被你吸引。反过来讲，你的东西人家不需要，当然就离你远去了。这里告诉我们，不明理，做什么都很困难。

所以，想拥有简单幸福的人生体验，就让内心充满利他之念。只有内心感觉满足的人，才能拿出多余的东西来给予别人。反过来，能够时时处处想到别人的人，本身已经圆满具足。

与人为善的慈悲心

一念之慈，万物皆善；一心之慈，万物皆庆。

什么是慈悲心呢？发自内心地想消除别人的痛苦，是悲心；发自内心地想给予别人安乐，是慈心。举个最简单的例子，敬畏大自然，不破坏环境就是对天地的慈悲心；将心比心推己及人，就是对他人的慈悲心；爱自己不与自己较劲，就是对自己的慈悲心。

当一个人拥有了慈悲心，就会表现出仁者爱人的特征，不会对事物产生分别心和嫉恨心，会自然流露出一种对人、事、物的爱。

中国有句成语叫“天心仁爱”，也就是说天地的心生生不息，虽然看不见摸不到。天地无心，看不到心也感受不到思想或情绪，但却能在万物上面表现出来，它生生不息。万物的生命依靠天地而生，这就是“天心仁爱”。如果一个人具备了慈悲心就是顺应天地自然，上天自然会眷顾他。

慈悲和智慧是分不开的，有智慧的人常常内心平静、清楚明白，不受外在环境困扰，同时能够关心他人，是他人的贵人，这就是慈悲心的表现。

在《感动中国》节目中，有一位叫刘盛兰的老人，20 年来，他几乎未尝过肉味，却将拾荒得来的 10 多万元人民币慷慨捐给了全国各地 100 多个贫困学子，自己每年的生活支出不过千元。其事迹传遍大江南北，令无数人由衷感动。这位老人把所有积蓄都捐了出去，多年来节衣缩食，穿的衣服、鞋子都是捡来的，吃的菜也是从菜市场里捡来的。虽然别人都认为他“干的是积德行善的事，过的是乞丐一样的生活”，但刘盛兰自己却感觉非常心安。

老人的这种行为就是拥有慈悲心最真实的写照，他用自己的双手捡拾起别人的希望，自己却甘愿拾荒，过最苦的日子，20 年来默默无闻，没有慈悲心的人是根本无法做到的。

我们每个普通人，如果没有慈悲心，对于自己的亲人或父母也许能做到希望他们快乐幸福，但陌生人，估计我们就很难做到诚心实意地希望他快乐幸福。

当一个人能够对别人产生感同身受的关怀与希望对方好的时候，就是慈悲心生起来的时候。如果一个人对穷人能够产生同情，对富人则是仇富心理，这样就不具备慈悲心；如果一个人对孩子能够给予很多关爱，对老人则表现出不耐烦不关爱，这样就不具备慈悲心；如果一个人对自己熟悉和亲近的人能够做到关怀和理解，对陌生的人却表现出冷漠甚至无情，这样也不具备慈悲心。对生了病或残疾的人能够给予更多的同情，而对健康的人则无法表现出同情，这样也不具备慈悲心。

慈悲心是一视同仁的平等心。当我们视一切为平等的时候，就不会把自己放在高高在上的位置上，就能视大自然中的一草一木皆有情，视生活中的每一个人都值得被尊重和关爱，就像那句话说的，“慈悲没有敌人”。如果你还能看到让自己不满的东西，有看不惯的人，有敌人甚至仇人，那么就证明自己还缺乏慈悲心。事实上，对别人身上的任何情绪与分别，都是自由显现的，都是自己的心。好的感觉就是自己的心好，坏的感觉就是自己的心不太好，把自己的心调整好了，就可以无分别地、平等地对待外在的一切。

慈悲心起，会帮助人，最后得到的结果是利他等于利己。当我们帮助他人的时候，付出爱和努力，就播下了善的种子。这不仅能使他人获得利益，同时也能使我们完善自己的道德，升华自己的人格。

先予后得的舍得心

大舍大得，小舍小得，不舍不得。

即使一个人一无所有，也能给予别人七种东西：

颜施，用微笑示人；

言施，对别人说赞美安慰的话；

心施，对人和蔼，敞开心胸接纳别人；

眼施，善意地看别人，发现别人的优点，不去看别人的缺点；

身施，以实际行动帮助别人，而不仅仅是说说而已；

座施，坐车的时候给需要的人让个座位；

容施，对人对事有宽容的雅量和心，允许别人犯错。

何况我们每个人都不可能一无所有，可以尽自己的力量给予别人经济上的帮助，也可以给予别人心灵上的慰藉，再或者不与人一争高低，这些都属于“舍”的范畴。也正是由于学会了“舍”，才能真正地“得”。

舍，既是一种处世的哲学，也是一种做人做事的艺术。舍与得的关系，就如同天与地、阴与阳、水与火一样，是既对立又统一的矛盾概念，相生相克，相辅相成，出乎天地，入于心间。看似简单，实则囊括了万物运行的所有机理。

在巴勒斯坦有两个水源相同的湖泊，但两个湖的状态却截然相反，一个一派生机，一个一派死寂。一派生机的湖叫加里勒亚湖，水质清澈，水产品丰富，湖水可直接饮用。周围的环境也非常好，人们筑屋而居，快乐生活。一派死寂的湖叫死海，湖水咸度居世界第一，湖中没有生命，周围寸草不生，一片荒凉。没有人愿意住在一个荒凉的地方，所以这个湖周围死气沉沉。地质学家研究发现，两个湖之所以形成了完全不同的环境，根本原因在于水的流动。加里勒亚湖有进有出，湖水呈现出循环状态；而死海却只有进水，没有出水，表现出只是接受，不舍弃，所以变成了一潭死水。

湖水尚且如此，何况人呢？如果我们的内心只抱持着接受而不愿意去“舍”，又怎么可能让生命变得丰盈起来呢？一个只知道索取而不懂得付出的人，幸福感又能有多少呢？所以，我们要修的第六种心就是先给予后得到的“舍得心”。

“舍”的真正含义就是“给予”，因为在给予的时候，你是在说：“我有更多。”所以，当你知道世界上最有钱的人都是最伟大的慈善家时，你不会感到惊讶，他们捐出数目庞大的钱财，当他们给予时，舍也是得的开始。

舍得也不仅仅是先付出、后得到那么简单。南怀瑾老先生说过，宇宙的道理不过是一加一减，人生需要做加法，也要做减法，也即我们常说的取舍。

有一个农村常年种柿子，每年收柿子的时候都会在树上留下一些柿子供喜鹊啄食用来过冬。之前这个村里的人们并不这样做，有一年他们把所有的柿子都收走了，冬天很多鸟雀没有过冬的食物，冻死了，等到春天鸟雀都急于出去找食物，就没有精力帮忙捉柿子树上的害虫，第二年柿子因为害虫太多而大大减产，甚至因为病柿子太多而影响了销量。后来农民发现了这个问题，等到柿子成熟后，总会留下一些在树上，留给鸟儿过冬吃，让鸟儿不至于在严寒的冬天饿死。来年开春的时候，鸟儿就会捉树上的虫子，这样，下一年柿子才会丰收。留几颗柿子在树上，既是一种善行，也是一种互惠互利。

所以，“舍”并不都是失去，终有一天，会是另外一种“得”。

敞开自己的包容心

当心量大到如天空，就不会有什么事能伤害你。

很多人不具备包容心，当发现别人做的事没有达到自己的预期或者惹自己生气的时候，往往就会生出怨恨和计较，甚至指责和抱怨对方。这就是一种缺乏包容心的体现。每一种不包容背后其实是自己的无能为力。所以，能够包容别人的人，往往都能敞开自己，具备包容心更是一种智慧的处世方法。

生活中很多人都难以做到具备包容心，比如：

有的人受不了别人的缺点，一旦发现，立马想回避，所以在人际交往中如果不是因为利益需要，一般都处于内心回避交往的状态。

在亲密关系中，经常指责、嫌弃对方，对对方有很多的不满意，并因为这些不满意而感到不顺心。

在人际交往中，你只能做那个被包容的人，而无法包容别人，所以一旦遇到跟你同样不够包容的人，容易针尖对麦芒，容易遭遇人际矛盾与人际冲突。

很容易发现别人的缺点和不足，并且因此厌恶别人。

说话刻薄，心胸不够开阔，俗称小心眼，有时容易嫉妒别人。

孤傲，不合群，孤僻，融不进人群，很难和人敞开心扉交流。

……

以上这些情形都是缺乏包容心造成的。

什么是真正的包容呢？一般有两个特征：一是允许不喜欢的东西存在；二是与之共存。生活中，每个人都有自己的喜好，但是并不是每个人都会认为那些自己不喜欢的东西会对自己存有某种敌意。所以那些没有敌意想象的人，就会有比较强的包容心，可以允许自己不喜欢的东西存在。比如，一个妻子能够允许自己的丈夫不如别人的丈夫那么体贴和能干；一个妈妈能够接纳孩子的平凡甚至平庸；一个儿媳妇能够尊重和接受婆婆的生活方式；一个丈母娘能够欣赏并不怎么富有的女婿……这些都可以算作包容。

没有包容心的人最容易犯的错误就是容易根据自己的标准排斥别

人，所以他们只能跟少数人交往。说得更直接一点就是不能敞开自己，对自己不喜好的东西抱着一种本能的偏见与挑剔。无法敞开自己就不能够完全接纳自己，一个不接纳自己的人，是无法做到对别人接纳和包容的。

所以，真正的包容心是能够从不同的角度看待问题，是一种个人思维的升级，能有效破除那种“固执的自我”心态。要肯定自己，接纳自己，我们排斥异己，是因为自己孱弱。越能包容别人的人，越能接纳自己。认同别人的前提一定是更能肯定自己。每一种不包容的背后其实是对自己的无能为力，看到这一点，方可去改变。

愿我们每个人最终都能长出一颗包容之心。

结交善缘的感恩心

感恩越多，命越好。

感恩是一种能够穿透生命的智慧，回报却是搭起温暖两个生命的桥梁。从一个人呱呱坠地起，就承载了太多的恩情：父母的养育呵护，师长的传道授业，夫妻的相濡以沫，朋友的义气相投，邻里的真情帮扶，素昧平生者的无私援助，更有社会提供给我们的良好生存环境和发展机遇，乃至大自然的阳光雨露。

对于给予我们生命的父母，我们要用一生去感恩。对于给予我们传承的孩子，我们也要用一生去感恩，是孩子让我们懂得什么是责任，什么是担当，什么是一脉承继。对于朋友，我们要心存感恩，不同的朋友给我们不同的指引和关爱，让我们对照着他们去学会接纳和给予。

我们要感恩领导，珍惜领导给予的每一次机会和任务，将这些任务做到极致，让自己的直接领导因为我们的表现而得到他的上级领导的表扬和认可，这才是一个人真正要表达的感恩。我们要感恩我们的员工，他们是企业的生产力，强将再强，如果手下没有兵也不能上战场。孤军奋战的将军就不是将军。所以，企业老板要感恩自己的团队和员工。戴尔·卡耐基说，懂得感恩之人，永远受公司垂青。拿破仑·希尔说，真正的成功者都怀着一颗感恩之心，他们比别人更具智慧。

工作和生活都是如此，一个人常怀一颗快乐、感恩的心，我们就会更加忠诚敬业。当一个人可以怀着感恩的心，将身心完全融入集体当中，把敬业变成一种习惯时，就拥有了回报——忠诚可以带来信任，自己的职业生涯就会变得更加圆满，事业会变得更有成就。如此更能体会到工作的快乐，工作不再只是一种职业，更成了一种享受。

对于每一个在我们生命中出现的人，我们要感恩，正是有了形形色色的你、我、他，才汇聚成了五彩缤纷的人生。

常怀一颗感恩的心，在生活和工作中就会更快乐和幸福。

有没有人问过自己，为什么我是一个健康快乐成长的人？感恩父母让我做他们的孩子。为什么我的领导会给我这样的平台来施展自己的能力？为什么有生命中的“贵人”愿意支持、帮助我？为什么我的员工会那么努力地去做事情？一定要经常问问自己，这样才会让自己的心时刻处于感恩之中，人只有知恩才会懂回报，才会生出一种爱，再传递一种爱。

有一颗感恩心的人，能够给施恩者带来心灵的温暖。让感恩成为我们每个人心底最真诚的一部分，让感恩变成一种习惯。当别人给予我们帮助时，不忘回报，让他觉得自己对别人的帮助是有价值的。

在每天开始时，想想那些帮助过我们的人。让感恩的温暖充溢心间，我们才会觉得人生是那么值得珍惜和拥有。

另外，除了感恩别人，还有一种感恩叫感恩自己。每天对着镜子和自己说：“我感谢强大的自己，阳光的自己，不说是非的自己，能体谅别人的自己，努力生活的自己，给别人带去快乐和能量的自己。”感恩自己是一种力量，也是一种强大的吸引力，能够给自己带来强大的心理暗示，也会让自己变得更加积极和充满能量。

后记：命由心生，福由己造

每个人都是带着使命来到世上的，活着的过程，也是修行的过程。

我虽在世间已走过40个春秋，却也经历过人生的悲欢离合，深谙了世俗的不易与孤独，也明白了自己的种种不足与缺陷，在不断学习和提升的过程中，渐渐觉悟，最终明了：命由心造，福由自己。愿我自己能够坚守自心，将爱与力量、慈悲与感恩持续下去。

我从小生活在有爸妈疼爱、哥姐照护的环境中，内心并不缺爱，而是被爱得太多，内心种下了“自私”的种子，只学会了接受爱，而没有学会如何更多地去爱别人，以至于走上社会过上自己的生活，有了很多羁绊与枷锁。

记得我从小不善于与人沟通，常常坐在门边看着过往的路人陷在自己的世界里沉思，由此被同村的人起了一个亲切又温暖的名称“门头边”。

邻居们告诉我，爷爷奶奶去干活了，我一个人在家的门头边坐着，没有一个人陪我。

因为坐得住这个从小养成的习惯或者是天性使然，到后来变成了一个特别能“宅”的人，不喜欢满大街逛，也不喜欢三五朋友高谈阔论，只喜欢安静地拿着画笔，一画几个小时。当别人在享受假期游遍祖国大好河山的时候，我更喜欢听佛学，学国学，渐渐打开了原本闭塞的心门，知道了自己多么渺小。

8 岁时我离开故乡换了新家，到了另一个地方上学。依然不喜欢和人接触和玩耍，只喜欢静静地观察事物。记得每次吃完晚饭，就会有很多厂里的工人过来找爸爸聊天，我也跟着大人在饭桌前坐着，每次妈妈擦完饭桌，桌上都有水珠，大人们在那儿聊天，我就在那儿看桌上水珠的千变万化。小小的水珠里藏着美妙奇幻的世界，一会儿变成山，一会儿变成花，一会儿又能看到海市蜃楼。直到长大成人以后，第一次见到雪山，内心像穿越般回到小时候，才记起水珠里的图案就是眼前真实的风景。那时才懂，任何看似风马牛不相及的事情，往往有着千丝万缕的联系。

我小学毕业进入中学开始学习画画，一直到高中，画画成了主修课程。受马云高考考三年的影响，我也用执着的心考了三年，最终以第一名的成绩考上了福建三明学院的美术装潢班。第二年，去北京通州的中央工艺美院的老教授教的高考考前班学习。第三年，在姐姐的帮助下我去了福州大学的成教班学习文秘，结果因为自己非常不习惯没有画友的生活，继续回家参加高考，直至顺利考上大学。

毕业以后，并没有按部就班打工上班，而是开了一家广告公司自己创业，这个时候遇到了一见钟情的前夫。

婚姻对于一个人来说是重生，修行得好婚姻幸福美满，修行得不好则会劳燕分飞，我是后者。诸漏皆苦、诸事无常应该就是我们每个人生活的状态，我和前夫的婚姻没有维持几年就选择了各奔东西。唯一感恩的是，女儿跟着我，让我开始以另一种思维思考人生，敞开了自己的心。

细数走过的路，发现自己的经历就是自己种下的因，不得不面对后来的果。我遇到前夫的时候，贪恋爱情，贪恋他给予的经济支持，甚至争强好胜地想要做一个好女儿给家里带去帮助，这种种执着让自己输得很凄惨。钱也没有赚到多少，还赔了婚姻。

在这个过程中，我早已丧失了快乐和幸福的能力，生活中放不下心中的焦虑和阴霾，工作中也逐渐掺杂了斗争和算计。我不知道我需要什么，我却活在与周围人的比较里。而我周围的那些人，也同时活在与我的比较里。我们都活在黑夜里，活在醒不来的梦里，也同时活在同处梦中的旁人的眼光里。心智变得脆弱与狭窄，无法承受现实的压力，对未来迷茫无助，甚至开始怀疑生命的本身意义。

祸福相依就是这样的道理，就像太极的阴阳一样，阴到极致阳始发，当一个人越是觉得一无是处的时候，实际上越是自己的心在反抗，我开始静下心来认真审视自身的需求与生命的意义。所有的疼痛都是与过去不成熟的自己告别，犹如凤凰衔木自焚而获得新生。

我否定了原先的种种，也在原先种种问题里看到光明。我开始自问，有些问题我们可能会持续压抑，但却终归无法回避：我应当成为什么样的人？我应当为他人做什么？我的生命究竟对这个世界有何意义？

每一个灵魂都渴求着洗净污浊的光芒，只是自己施加给自己的枷锁绑住了双腿，让自己陷在泥潭里，渐渐丧失了仰望星空的勇气。

当我带着一颗自我保护、没有觉察的心过生活的时候，觉得处处不顺、样样不安，后来修习了传统文化，跟着禅悟与学习，渐渐找到了自己迷失已久的“心”。

当我发现了自己的心才是一切的源头，外在的任何境遇都是自己的“心”造出来的时候，我渐渐释然。知道了改“我”才是首要的。谁是幸福的呢？发现心、修炼心，把心完全放空的人是幸福。带着这样的觉知，开始疗愈自己也帮助别人。

我认为，人有两次生命的诞生，一次是肉体的出生，一次是灵魂的觉醒。当你觉醒时，你将不再寻找爱，而是成为爱，创造爱！当你觉醒时，你才开始真实地、真正地活着！

小学毕业之后在初中时选择了走美术之路，培养了一心专注、在绘画中禅定的状态。在自己的兴趣中，回归停止时间、内心愉悦的冥想思维模式，同时促进学习文化课集中注意力的禅定状态。

走过了40年的人生路，一步步地从迷雾走到现在，明白了我们所有人为什么烦恼，为什么身心疲惫，为什么诸事不顺，其实都是自己的“心”在作怪，当我们能够找到自己的心，就会少走一些弯路，对人性生发更多的宽容和对生活的理解，会让心灵减少很多苦痛和挫折，用最快的速度找到属于自己的真正的幸福和快乐。

希望能给我看见的人减少痛苦，让更多人得到幸福美满的生活，最好能在短短的几十年或百年之中，掌握足够的能量和力量，明心见性，能够掌握看见身边的一切其实都是自己。

因为我们的心是一个本体，“心即宇宙，宇宙即心”，我们人类和宇宙万物是一个生命共同体。领悟了这些，我们就能善待身边的一切，产生对大自然的敬畏心，还世界一个和平，还天空一片蔚蓝，还家园一个幸福，最终达到命由心生，福由己造。